河出文庫

科学を生きる

湯川秀樹エッセイ集

湯川秀樹
池内 了 編

河出書房新社

科学を生きる

湯川秀樹エッセイ集

もくじ

科学を生きる

湯川秀樹エッセイ集

はじめに

明治維新で開国を果たして近代科学を西洋から輸入した日本は、長い間科学の研究の後進国でした。西洋の科学技術を学ぶことで精一杯であったのです。ようやく西洋と伍する研究結果が出始めたのは維新後五〇年くらい経った頃からで、医学や化学の分野でノーベル賞に匹敵する成果が出るようになりました。科学が日本でも自立するようになったのです。といっても、それは医学や化学などの実学に近い分野であり、自然界の原理や基本法則を追究する理論物理学のような基礎的な分野では研究者の数が増えるのにさらに時間が必要でした。やがて西洋に長く滞在して大きな業績を挙げた仁科芳雄が帰国し、フレッシュな感覚で量子論という新しい分野を広く教授したことが日本の基礎物理学を発展させる大きな契機となりました。仁科から教えを受けたのが湯川秀樹・朝永振一郎・坂田昌一・武谷三男などで、彼らが中心となって時代を画する数々の研究成果を挙げ、世界の素粒子物理学をリードしたのです。

中でも湯川秀樹は一九三四年に発表した「核力の理論（いわゆる中間子論）」によって日本で最初にノーベル賞を受賞し（一九四九年）、日本の基礎物理学の発展のために力を尽くすとともに、核兵器の廃絶のための平和運動にも率先して取り組みました。本書は、湯川秀樹が折々に書いた多数のエッセイから彼の人となりや考え方が読み取れるものを編んだアンソロジーで、湯川秀樹の豊かな人間性に接することができると思います。

湯川秀樹は、地理学者で京都帝国大学の教授であった小川琢治の三男として一九〇七（明治四〇）年に生まれました。お兄さんに冶金学者の小川芳樹、東洋史学者の貝塚茂樹、弟に中国文学者の小川環樹がいて、学者一家であったことがわかります（実は、彼にはもう一人末の弟の滋樹（ますき）がいたのですが、学者の道を選ばず、戦争で亡くなったそうで、その痛切な思いが本書に収めた「大文字」と題するエッセイに書かれています）。理系の芳樹と秀樹、文系の茂樹と環樹、というふうに仲良く文理双方に二人ずつ分かれていますが、収録した文章からもわかるように湯川秀樹は文系の分野にも興味を持ち、かつ文学にも造詣の深い人でした。実際、彼は幼い頃からお祖父さんより漢籍を教わったそうで、その生涯を通じて中国の古典の智慧が生きていたと思われます。

京大時代の同級生が朝永振一郎（一九六五年に日本で二人目のノーベル賞を受賞した）で、やや人見知りして頑固に考え詰める傾向がある湯川と病身だが明るく物怖じせずにチャレンジする朝永というふうに好対照な二人でしたが、共に新しい物理学を貪欲に学ぼうとする意欲は共通していました。そこに入学してきたのが坂田昌一や武谷三男らで、彼らは後年湯川の共同研究者となって中間子論を発展させることになります。一方、朝永振一郎は大学卒業後、仁科芳雄が在職していた理化学研究所に行き、量子電気力学という分野で優れた業績を挙げました。このように、四人は日本の理論物理学を発展させるのに牽引車の役割を果たすとともに、戦後は平和運動にも尽くしたことで共通しています。

湯川秀樹の中間子論は、物質間に働く力の起源について時代を越えた重要なアイデアの提案であり、その神髄は永遠に残るでしょう。私たちは、磁石が鉄を惹きつけるとか、電流が流れる導線の間に力が働くことを知っています。「なぜ、力が働くのだろう?」と疑問を持った湯川は、物質の間に何らかの粒子が遣り取りされる（交換される）ことによって力が働くのだ、ということを見抜いたのです。つまり、力を媒介している粒子の存在を予言したことになります。実際に、磁石や電流の間には質量を持たない光の粒子が遣り取りされるとすれば、その力の大きさや到達距離を正しく求めることができ、その予言が正しいことが示されました。では、原子核の内部に働く力にはどのような粒子が交換されているのでしょうか。原子の中心に存在する原子核内部は小さな空間ですから、そこで働く力はあまり遠くまで到達しない近距離力です。しかし、磁石や電流の間に働く力よりも何百倍も強い力であることがわかりました。湯川秀樹はこの力を説明するために、中間子と呼ぶ電子と陽子の中間の質量を持つ粒子が遣り取りされているとすればよい、そう提案したのです（一九三四年）。一九三七年に中間子候補の粒子が見つかったのですが、実際に力を媒介している粒子ではないことがわかりました。この間、湯川は大いに悩んだことと思われます。ようやく、一九四七年に強い力を媒介する中間子が発見され、湯川のアイデアが完全に証明されてノーベル賞の受賞（一九四九年）となりました。今日、物質間に力が働く機構は「湯川メカニズム」と呼ばれています。

日本最初のノーベル賞の受賞によって湯川秀樹は一躍英雄のように持ち上げられましたが少しも奢らず、ノーベル賞の受賞を記念して設立された京都大学基礎物理学研究所長として日本の物理学の振興のために力を尽くしました。それとともに、科学の進め方や考え方、科学の歴史、広く文学や人生に関わること、創造性や知的世界の開拓などについて数多くのエッセイを残しています。彼の関心は止まることを知らぬかのように広がっていったのです。さらに平和運動にも力を入れ、ラッセル・アインシュタイン宣言の署名からパグウォッシュ会議（平和を願う科学者の会議）への参加、科学者京都会議による核兵器廃絶の呼びかけ、世界平和アピール七人委員会の結成とアピール発表など、科学者としてそして人間として成すべきことを見定め、そのために時間を惜しむことはありませんでした。

湯川秀樹の随筆には、しっかりと考え詰め、磨き上げた言葉で思うところが簡潔に述べられています。出しゃばりではない彼らしく、本質をさりげなく提示して、自分はそっと後ろに隠れていると言えるでしょうか。ですから、じっくり言葉を味わい、彼が言わんとしたことを汲み上げ共感する、そんなふうに反芻しつつ彼の文章を読めば世界の広がりを感じることができると思われます。

池内　了

第1章　物質とシンボル――物理学と科学の物差し

思考とイメージ

物理学のような法則性のはっきりしている学問では、数学を使うのが一番有効な方法になっています。自然現象あるいは自然界にあるものに、適当な抽象を行って、その結果を正確な数又はシンボルの集りに持ってゆく。このような方法は、事実とのつき合せによる検証の過程においても、また思考や推論の過程を他人に納得させたり自分で諒解することにおいても、一番有効であると考えられており、事実そうであることに間違いありません。しかし他方では、理解や納得を含む思考一般の過程で重要な役割を果しながら、それ自身は数にはならないものがあることも事実です。言葉そのものも、完全に数にはなりきれないものです。ただしここではまず、自然科学だけでなしに、人文科学、社会科学などで広く利用されている図式的な思考方法というものを考えてみましょう。これは明らかに言葉による思考でもないし、体系化された数学としての幾何学を利用しているわけでもない。図式的思考といいますが、実はその背後にある広大なイメージ群の中で、比較的幾何学化しやすい部分が図式化されるというのが真相でしょう。そして、人間はイメージを実によく利用している。たとえば仏教でいう曼陀羅などは、その一例としておもしろいものです。とにかくほんとうは多数の人が、そういうイメージや図式を盛んに利用しているのではないか。発表する論文などには書かないけれど、この種の書かれない過程が、考えを発展させたり、まとめるのに役立っている、大事なものなのではないでしょうか。

私など物理の根本問題を考える時は、数学や言葉だけの操作でうまくゆくものではありません。私はいつも黒板へ絵をかくわけです。幾何学的に正確な図形ではなくて、ぼんやりとしたものです。しかしだれでも頭の中では同じことをしているのではなかろうか。つまり頭の中にいろんなイメージが現われ、言葉による思考もする、数式もある程度は、寝床の中でも暗やみでも考えられる。そういうものの組み合せとして混沌としたものを、だんだん言葉による秩序へ、あるいは数による体系化へ変化させてゆく。そういうプロセスの結果としては、とかくイメージ的、図式的なものは表に出なくなってしまう。なにかひどく当り前のことのようですが、これまでの自然科学のたて前からは、文学とか美術とかいうものを含めたイメージ的思考というものは、とかく縁遠いものとして敬遠されてきました。しかしそれは自然科学と全く縁のないものではないのではないか。私の言いたいことは、たとえば現在の科学の細分化、抽象化の方向と違った一つの方向として、この種のこれまで日の当らなかった側面へ光をあてることによって、公の権利が認められていなかった領域を開発するということが考えられるのではないか。そうすれば、納得の体系または相互理解の体系として、現在の科学よりももっと広いものを手に入れる可能性があるのではないかということです。

美的、情緒的な側面を含めてのイメージをとり上げますと、問題が広がりすぎる恐れがあります。そこで、次に知的側面とでもいった面に限って、イメージによる思考の特徴を考えてみることにします。数学を典型とする論理という方法の構造は、一つの特殊な構造を持っています。つまり、ある前提とその結論を一次元的につなげてゆけるような構造を持っています。ところが、イメージというのは少なくとも構造として二次元的になっています。このことはイメージによる方法の特徴の一つです。それだけでなくイメージという場合には、そこに何があってもかまわない、ただ共存関係にあればよい。いや共存というようなことさえも意識しない。あるイメージが消えたら、また違うイメージが出てくる。このように排他的な作用が極めて少ないということは、イメージのもつ際立った特徴だといえます。

私の経験でも、夜眠られなくてものを考えてますと、このへんで考えるのをやめようと思っても、イメージが何やかやと出てきて困ることがあります。やめたいけれども出てくるというのは、論証によって排除して減らしてゆくという、目のさめている時の傾向とは全く逆の方向です。もちろん消えてゆくものもあるが、論理的に排除したわけではない。フロイト的に排除したわけではない。フロイト的に見れば、無意識の段階でもやはり選択作用があるだろうけれども、私自身の意識的経験としては、まるでなんでもかまわず勝手に出てくるという感じです。それらの中にいいものがあれば結構だ、あるかも知れないと期待するから考えるのをやめずにいるという、そういう緊張関係が生じているわけです。

まさにそれはイメージ・シンボルです。本質的に論理であるよりイメージなのであって、それを種にして論理を組み立てようとするから、緊張状態が生じて寝られなくなる。それから、これもだれでも体験することでしょうが、自分で自分が眠りかけているとわかるときがあります。そのとき、どうなってゆくかというと、考えていることの間のきちんとした秩序がくずれて、混沌とした、なにかあらぬことを考える逆の方向に進んでゆく。この秩序と混沌との中間の状態が、論証的な思考の背後にある根元的なものだと軽々しく言ってしまうのはどうかと思いますが、しかし、少なくとも目がさめているときには、いらないものは押えて、適当な秩序の中に入れられるものだけに制限してしまっているということは言えます。

われわれの納得の仕方はいろいろあります。相当こみ入った問題になると、ただ数学的に正しいから、あるいは事実がそうだというので、受け入れてしまうこともないではありません。しかしもっと基本的な問題に対しては、それでは具合が悪くて、明証といいますか全体のイメージがぱっと疑いようもなくはっきりしているところまでゆかないと納得できない、つまり論理や実証でよいとはいうものの、それでは尽くせない気持があるわけです。ほんとうに納得がゆくというのは、単につじつまがあっているのとは違って、全体のイメージが細部も含めて一瞬にして明らかになるという段階がどこかにあるのではないでしょうか。他人には言わないでも自分で納得するときには、確かにそれをしているわけです。このような段階を踏まずに先に進むのは危っかしく思われ、自分でも満足できないわけです。それは俗にカンといわれたり、直観、想像力、構想力といわれたりしているものと関連しています。そこにキチンとした論理的思考の背後にイメージ・シンボルによる思考の根元的な役割を考える根拠があります。

このようなイメージないしシンボルに根元的な役割を考えようという立場は、広い意味で一種のシンボリズムといってよいでしょう。それは、西洋の伝統的合理主義に比べて、日本または東洋の思想のもつ非合理的といわれる面と無縁でないかも知れません。合理主義というのはどういうことかと言いますと、たとえば素粒子から出発して原子、分子を通って個性としての生物まで説明するやり方、つまり一次元的構造の論理でどこまでも押してゆこうというやり方です。ところが初めから有機体みたいなものを考えますと、これはなかなか合理主義では処理できません。つまり、形を形として受け取る、もうすでに図型化されているものをまとめて使うという働きが、そこでは思考の単位みたいな役割を果しているからです。西洋の学者の中には一般に合理主義の伝統が深く沁みこんでいて、そういう考え方をする人が非常に少ないわけです。

ところが、私が非常に面白いと思っている人に、ホワイトヘッドという哲学者があります。若い頃、バートランド・ラッセルと協力して数理哲学のバイブルのような大著を書いている。つまり論理主義を徹底しようとしたのです。ところがその後、彼はシンボルというものをつくって、それを媒介として思考するという象徴作用、シンボリズムが、人間にとって非常に基本的なものだ、と考えるようになったのです。下等な動物は、本能というか、とにかくシンボルの媒介なしのもっと直接のメカニズムで生きている。人間までくるとシンボルを盛んに使う。第一に言葉を使う、それから文字を使う。数学でのシンボルはもちろんのこと、設計図も書く、これも一種のシンボルだというわけです。

とくに言葉というものには、先に触れた知的側面以外に、人間の感情とか経験とか、いろいろなものがくっついている。われわれは話をしたり、文章を書いたりして、それらは知的活動の一種と見なされている。その際、納得させるという機能を果すのに、そういうシンボル・イメージを媒介として、まつわりついている、いろいろな人間的な感情などを利用したり、悪用したりしている。科学または合理主義で押してこられると、好きでなくても正しいものは正しいと認めなければならない。ところが、言葉とかほかの手段を使いますと、納得するについて好き嫌いが大いに関係してきます。しかし好き嫌いが関係するからだめだ、というふうに言ってしまうのはよろしくないのではないか。ホワイトヘッドはそういうことが基本的だと見ており、私も同感です。

人はそれぞれ、自分でなにかを美しいと思ったり、美しくないと思ったりする。私は自分の専門の物理学でも、ある法則なり理論体系なりをよろしいと納得するときは、そこになにか美しいものを感じているわけです。口では言えないけれども、そういう感じがともなっている。科学では好きもきらいもないとはいうけれども、実は心の奥の方では好ききらいにつながっていて、そこにある種の美意識や好悪感がある。そうなると、科学による納得ということも、言葉なりそのほかの方法で納得させられるのと全然違うともいえないのではないか。こういう考え方はもはや合理主義だけでなく、経験主義をも超えているのだと思います。

（昭和四十年十月）

物理学者群像

いまから六年前の一九六五年のきょう、やはりこの記念講演を依頼されまして、そのときはちょうど朝永振一郎さんがノーベル賞をもらわれることになったすぐあとでしたので「仁科先生と朝永さんと私」という題で、仁科芳雄先生と朝永さんの関係、それから私と朝永さん、仁科先生との関係という、三角関係みたいなことをお話いたしました。

科学者、たとえば物理学者であっても、そうでなくても、人間の一生にとりまして非常に大事な人間関係というものがあるわけです。学者同士でありますと、まあ先輩後輩、あるいは友人、いろいろなかかわりがありますけれども、いずれの場合にいたしましても、ただ学問的なつき合いということだけではなくて、人間としての接触から受ける影響も重要ですね。だいたいは年下の者が年上の者から影響を受ける。その逆もあるわけでありますけれど、それは少ない。私にせよ、朝永さんにせよ、仁科先生から非常に大きな影響を受けてきたわけであります。

きょうはもう少し話をひろげまして、仁科先生、朝永さん、私などという身近な関係だけではなくして、もう少し広く国際的に考えまして、二〇世紀の物理学をつくりあげた——二〇世紀はまだ続いているわけでありますし、まだまだこれからもいろいろな学術上の大きな仕事がなされてゆくに違いないわけでありますけれども、とくに二〇世紀のはじめの何十年か、つまり二〇世紀の比較的初期の物理学界というのは、非常に大きな変革の時代であっただけでなく、いろいろと個性のはっきりした学者がたくさんかたまって出てまいりました。そういう人たちについて、いちいち申し上げておりますとキリがないわけでありますが、私が自分勝手に何人か拾いあげてみようと思います。そして、またそういう人たちの間のお互いの関係というようなものを、少しお話してみたいと思うのです。

正直な自伝を書いたプランク

どこから話を始めてもよろしいわけですが、やり出せばえんえんと、二日でも三日でも話はできるわけですので、とにかくまずマックス・プランク(Max Planck, 1858~1947)という先生から始めるのがいちばん適当だと思うんです。皆さんの中には知っておられる方が多いと思いますけれども、二〇世紀の物理学というのは、マックス・プランクがちょうど一九〇〇年に量子論を打出したところから始まったんだということになっております。まことにそのとおりであると思いますので、まず、この先生のことを少しお話しましょう。

と申しますのは、非常に簡単なものでありますけれども、彼が晩年に書いた『科学的自伝』というものがあるんですが、これが非常に面白いんです。どこが面白いかと申しますと、ほかの学者があまり書かないような、自分についての正直な話を書いているところです。

だいたいは学者にしましても、学者以外の人にしましても、ほかの人が伝記を書きますと、大抵は書かれた人を尊敬し、崇拝している人が書きますから、いいことずくめみたいになりやすい。また自分で書きましても、意識的・無意識的に自分を飾ることになりますね。私もかつて自伝らしきものを書きましたが、いまにして思いますと——いや、その当時もそう思っておったんですけれども（笑）、やはり自分というものを、意識的、無意識的にいろいろ飾り立てているわけですね。ところが、このプランクの自伝というのは、非常に淡々と書いているけれども、自分じゃ言いにくいことを言っているわけです。その点が、ほかの科学者の伝記や自伝とは非常に違うんです。そこで、そういうところから話を始めたいと思うんです。

彼は北ドイツのキールで生まれた。父はキール大学の教授で、家庭環境はよかった。

その後、ミュンヘンに一家が移ったので、ミュンヘン大学に入り、さらにベルリン大学に転学した。そこでは当時のドイツ、あるいは世界の物理学界を代表する学者であるヘルムホルツ（Hermann von Helmholtz, 1821～1894）やキルヒホッフ（Gustav Kirchhoff, 1824～1887）の講義を聞いた。ところが、プランクは自伝の中でどっちも自分には有益じゃなかった、と言っている。それはどうしてか。ヘルムホルツはあまりよく準備をしてこない。そこで、ときどきつまる。データを書きこんである小さいノートブックを出してみたりして、講義がすらすらと進まない、黒板でいろいろ計算しだすと、非常によく間違える。そこで聴講する学生がだんだん減ってゆき、しまいには三人になってしまった。自分もその一人だったというわけです。私も大学で講義するようになって、ときどきこの話を思い出す。講義するほうの身になりますと、ヘルムホルツの話は実にいいですね（笑）。

ところが、キルヒホッフという先生は正反対であります。非常に講義が見事で、水ももらさぬ講義です。あまりきっちりとした話をされるので、まるで――これはプランクの言葉ですが――記憶された教科書という感じがする。非常に単調で、これも面白くない。だから、自分で勉強するようになった。たいへんいいことが書いてあるわけです。彼はそういう大学生活を送っておったわけであります。

彼は自分が量子論を言い出したのでありますけれども、それがどんどん進んでいきまして、彼が思っていたのとは違ったものになっていくわけです。彼ははじめからしまいまで、大学に入る以前から、何か絶対的に正しいものを絶えず求めてきたのだ。さらにまた、自分たちの生きているこの世界、外界というものは、自分が勝手にどう思ってみたところでどうにもならない絶対的存在だ——プランクはそういうふうな意識が非常に強いんですね。後になってからの彼の講演を見ましても、そういうことがたびたび言われているわけです。何か非常に普遍的な、絶対的な原理を求める。そういう傾向がとくに強かったんですね。それで彼は、いちばん初めに興味を持ったのは、エネルギー保存の原理です。それについては、また後に話が出てきますが、プランクが勉強を始めたころというのは、熱力学が今日のようなきちっとした形に、まだなっておらなかった。エネルギーの保存の原理というのは、熱力学では第一法則になっている。彼は次に熱力学の第二法則に関する研究を、ミュンヘン大学に学位論文として出したんです。

それは、無事パスはしたんですけれども、学界では誰も問題にしなかった。ヘルムホルツは多分読んでくれなかっただろう。キルヒホッフは読んだけれども、だめだといった。もともとプランクは、この論文でクラウジウス（Rudolph Clausius, 1822～1888）という、ヘルムホルツと同年代の物理学者の研究を受けついで、熱現象の非可逆性に、より明確な定義をあたえようとしたのです。そして、クラウジウスに手紙を書いたけれども、返事してくれない。こういうことは、よくありますね。だれだれ先生に手紙を書いても返事がこない、会いに家まで行ったけれども会えなかった、というのも、よくあることです。その後、プランクはこの方面の研究をさらに進めたが、アメリカにギッブス（Willard Gibbs, 1839〜1903）という、プランクよりは少し先輩の学者で、熱力学、統計力学の大家がいて、同じような仕事を少し前にやりとげていたことがわかって、プランクはがっかりする。そういうことがあったりして、彼はミュンヘン大学で教授の地位につくまでに何年も待たねばならなかった。なかなかそのチャンスは来なかった。というのは、今日はあたりまえになってる理論物理学だけやる教授の席がなかったからです。

懸賞論文の当選——しあわせな日

そのころプランクはまだ二十歳代であった。年代にすると一九世紀の終りごろの話であります。当時はまだ理論物理というのは、それで一つの独立した専門分科——英語で申しますと discipline で、日本語には適切な訳語はありませんが、まあ専門分科といったらいいでしょう——とは認められておらなかった。むしろ、プランクとか、彼の少し先輩のボルツマン（Ludwig Boltzmann, 1844〜1906）などが、純粋の理論物理学者として認められた最初の人たちではないかと思います。

もう少し前のヘルムホルツとなると、非常にえらい物理学者でもありますけれども、しかし、彼は何でもやっています。数学もやれば生理学までやっている。ものすごく幅が広い人です。ところが、プランクは、理論物理学者としての自分の一生をずっと貫き通したわけです。そういう大先輩があったから、私にしても、朝永振一郎さんにしても、なくなった坂田昌一さんにしても、まあ理論物理学を専業として、ずっとやってこられたわけであります。あまり肩身の狭い思いをせずに、理論物理学者である、専門は理論物理学である、といってすますことができるのは、非常なしあわせですが、それにはプランクなどが、ある意味では犠牲になっているわけです（笑）。

ただし、数学者というのは昔からあった。そして、その延長線上に数理物理学者というようなイメージもあった。しかし、それは一九世紀後半のドイツで認められた理論物理学者というイメージとは少し違いますね。どう違うかを立ち入って議論するのはやめますが、とにかく、そういう状況であったがゆえに、ミュンヘン大学では、なかなか、うだつがあがらぬ。プランクは、そこでますます自分の存在を認められたいと強く思うようになった。彼の自伝には、このへんからだんだんと、ほかの学者が書かないような告白が出てくるわけであります。科学の研究において名声を博しようとする欲求がますます強くなり、そういう欲求に導かれて、ゲッチンゲン大学の懸賞論文に応募した、と彼は告白する。

どうもこのころには、ほかの国もそうであったのかも知れませんが、ドイツの大学では盛んに懸賞論文というのを募集したようですね。それで一等賞をもらいますと、それは非常な名誉であるだけでなく、地位が得られやすくなるということもあったようです。私も数年前、日本で懸賞論文というのはどうかと若い人にきいてみましたけれども、若い人はあまり乗り気でありませんでしたので、いまだにそのままになっております。この仁科財団はいろいろなことをやっておられ、研究奨励金は出しておられますが、懸賞論文が現代にふさわしいものであるかどうか、私にはよくわかりません。

それはともかくとして、今から百年ほど前のドイツでは非常に盛んに行われておった。そこでプランクは「エネルギーの保存則」という論文を書いて応募したら、それが通った。この辺の叙述は、少しややこしいのですが、その少し前にキール大学の理論物理学の助教授といいますか、そういうポジションを得た。この日は自分の一生でしあわせな日の一つだったと書いている。極めて正直な告白だと思います。自分は両親の家があって、両親はたいへんにいいから、それはそれで幸福であったけれども、しかしもうぼつぼつ結婚したいと思っておった。だから、たいへん嬉しかった。キール大学からそういう申し出があったのは、自分の科学的な業績に対する報酬であると思いたいわけで、その時は、そう信じていた。しかし、もう少しあとになって事情がわかってみると、それもあったかも知れんけれども、それよりもむしろキール大学の物理の教授が、自分の父の親友だったことが大いに関係しておったらしい、ということが後になってわかった、と書いております。就職がきまったあと懸賞論文も通った。彼の論文だけが通った。しかし二等賞にしかなれなかった。どうして一等賞になれなかったかについても、彼は書いてますが省略します。

プランクは二〇世紀の物理学の生みの親となったえらい学者であります。しかし、一口に学者がえらいといいましても、えらさにはいろいろあるんですね。アインシュタイン（Albert Einstein, 1879~1955）のような人が、最も天才らしい天才ですね。それにくらべて、プランクという人は最も天才らしくないが、やっぱり天才でしょうね。アインシュタインも非常に立派な人柄の人でありましたが、プランクという人は、人間としても、またちょっと違う意味で非常に立派だと思います。何よりも真理、真実に対して忠実な人だった。自分についての、こういう正直な記述は、ほかの学者の書いたものにはほとんど見られない。おそらく学者以外のほかの世界でも、こういう自伝はほとんどないのじゃないでしょうか。彼は九十歳近くまで生きたわけですが、この自伝は晩年に書かれたんだと思います。しかし、私など、まだなかなかこういう調子で書く心境にはなれないように思います。

古典主義とラジカルな考えと

以上は、主としてプランクと先輩の学者の間の学問的、あるいは人間関係の叙述だったわけですが、その後、プランクは待望のベルリン大学の教授となり、四十歳を越して量子論を提唱する。それが二〇世紀の物理学全体に決定的な影響を及ぼすわけですが、プランク自身は弟子がたくさんあったという人ではない。一口にいって、真面目で高潔な人でありまして、学問的真理に対して、忠実であっただけでなく、他の学者・友人との人間関係にも、終始変らぬ誠実さがあった。後輩の学者の仕事の価値は素直に認めた。アインシュタインやシュレジンガー（Erwin Schrödinger, 1887〜1961）をベルリン大学へ招ぶのにたいへん骨を折った。

私はちょうど大学に入る少し前、旧制高校の三年生になった時、ドイツ語が読めるのが得意になっていた矢先に、プランクの物理学の教科書『理論物理学序説』を本屋で見つけ、第一巻の力学から読みだしてみると、表現がたいへん明確であり、これこそほんとうに物理学の本質を書いた本であるという感じがして、いっぺんに、この本と一緒にプランクという人も好きになったわけであります。それには、ドイツ語がよくわかったので嬉しかった、そういう気持も手伝っておったわけです。

プランクは長い一生を通じて、自分の考え方をあまり変えなかった人ですね。これは皮肉な話で、彼の量子論がきっかけになって、物理学自身は大きく変化していった。相対性原理が出てくる、量子力学が出てくる、その他いろいろありまして、目まぐるしく変ってゆくんですが、彼自身は一生あまり変らなかったように思われます。つまり、彼より後に出てきた物理学者たちの新しい考え方とくらべると、非常に保守的というべき考え方を持ち続けた。そういう一種の古典主義を通そうとする人が、ある時期に最もラジカルな考え方を唱えることになった。これは実に不思議なことでありますけれども、まま、こういうことが物理の歴史の中にはある、それが歴史の面白さでもある。また、そういう大学者の中には、中年以後、若いときとは、ちょうど反対の立場になるという人もあります。

どうして、そうなるかと申しますと、物理学の歴史は、二〇世紀になってから非常に進歩が急速でありましたから、一人の学者の一生の間に、物理学者自身の様子がすっかり変ってしまう。その人が若いときに考えておったことが、そのままでは通用しなくなる。ところが、年とってきてから考え方を大きく変えるのはむつかしいから、若い時と同じ考えを通そうとするが、物理学のほうが非常に変っているので、いろいろチグハグなことになる。それで、はじめに非常に急進的な考え方を出した人が、あとになると逆に保守的になったりする場合も出てくる。さらにまた、ある時期には保守的とみえていた考え方が新しく復活してきたりする。まあ、いろいろな場合があって、一口には片づけられないわけです。

先ほど申しましたように、プランクという人は、世界の学界における地位にくらべると、お弟子さんがあまりにも少ない。これも不思議ですが、アインシュタインにもあまりお弟子さんがなかった。この二人はまた、自分で、一人で勉強した、いわば独学の人でもあった。だから、ほかの人たちも勝手に勉強したらよい、と思ったのじゃないか。とにかく、二〇世紀のいちばんはじめに出てきた、この二人の大学者は、そういう人たちだったわけです。

その少し後になりますと、また非常に違うタイプの大学者が出てくるのです。つまり、非常に多くの若い優秀な学者を自分の近くへ集め、そういう人たちに大きな影響を与える。それが全体として物理学の進歩に非常に貢献する。こういうタイプの学者が出てくる。その代表的な例はニールス・ボーア（Niels Bohr, 1885~1962）ですね。それからもう一人、マックス・ボルン（Max Born, 1882~1970）という人がある。ボーアについては、仁科先生がコペンハーゲンの彼の研究所に長くおられ、彼の影響を非常に深く受けられたし、そのほかにも、日本の物理学者でボーアの研究所におられた人がいくたりもある。そんなわけで、ボーアのことは日本でもわりあいよく知られておりますので、もう一人のボルンという人について、きょうは少し詳しくお話してみたいと思うんです。

自称ディレッタント――ボルン

マックス・ボルンという人はアインシュタインのちょっと後輩で、プランクよりは二十何年もあとに生まれてきた人であります。一九七〇年の一月に亡くなりましたが、プランクと同じくらい長生きしたわけです。『論語』に〝仁者はいのち長し〟という言葉がありますが、この二人の学者には、ピッタリのように思います。

ボルンはいろいろな本を出しておりますけれども、わりあい近ごろに出た『自分の人生と自分の考え』という本の中に簡単な自伝が入ってまして、そこにたいへん面白いことがいろいろ書いてあります。多少プランクと似ておりますが、また、非常に違うところもあります。ボルンはブレスラウで生まれまして、お父さんはブレスラウの大学で解剖学を教えていた。同僚には有名なエールリッヒもいた。家庭環境はプランクと似てますね。自分ははじめ天文学が好きだったと彼は書いてます。子供のときにお星さまを見て、天文学にあこがれるというのはよくあることですね。しかし、当時、まだ天体物理というのはあまり盛んでなかった。それで、大学で講義など聞いても、いろいろな惑星の位置を決定するための非常にめんどうくさい計算の話ばっかりで、いやになった。だいたい理論物理をやるような人々には、そういう傾向がある（笑）。横着というか無精というか、読んでると私には、そういうところばかり印象に残るのであります。

当時のドイツの大学生は、いくつもの大学を渡り歩くのが普通だったが、彼もほかの大学からゲッチンゲン大学のほうに移ることになった。それは数学が好きになっていたからで、ゲッチンゲン大学の数学教室には、当時、つまり二〇世紀のはじめごろ、三人の予言者といわれる人たちがおった。三人というのは、フェリックス・クライン(Felix Klein, 1849〜1925)、ダヴィド・ヒルベルト(David Hilbert, 1862〜1943)それからもう一人がヘルマン・ミンコウスキー(Hermann Minkowski, 1864〜1909)、これはみんな非常にえらい数学者です。ボルンは、この中のヒルベルトの助手ということになった。ただし助手といっても、非常に私的な助手、秘書みたいなものだったようです。日本流にいいますと、内弟子みたいなものじゃないかと思うんです。こういう経験をもったことがたいへんよかった。大数学者たちがいろいろ話し合っている。それを聞いていて非常によかった。しかし、この中でクラインだけは、どうも自分はウマが合わなかった、と彼は述懐している。そういうことはあるわけですね。人間関係というのは、非常にウマが合ったり、どうしてか合わなかったりするものですね。

ところが、この大学でも懸賞論文の募集があって、クラインが、これに応募したらどうだという。彼ははじめ断ったんだそうです。クラインというのは大ボスで、ものすごい勢力のあった人だったので、彼の命令に反するわけにいかん。とうとう受諾して論文を書いた。そうしたところが、うまく懸賞に当選した。この辺もプランクの話と実によく似ているのであります。ところが、クラインはその論文を評価してくれなかった。そういうことがあったわけですね。

その懸賞論文というのは匿名で出すんです。名前を書いて出して、もしもえこひいきがあってはいかんというので、匿名で出す。先生に教えてもらうわけにもいかない。だから、自分の力で問題を解いた。それが自分に大きな喜びを与えた。そういう経験を持ってたいへんよかった、ということを書いている。

それはよくわかるのですが、そのあと、私にはどうもよくわからないことが書いてある。ボルンは自分が何かの専門家になるというのはいやだ、自分の興味と関心の中心になっている問題についてさえも、ディレッタントであろうとした、と書いてる。これは逆説的な表現なのか、素直に言うているのか、ちょっとわかりにくい。というのは、ボルンという人は非常にいい教科書というか、参考書というか、あるいは入門書というか、そういうものを、いくつも書いています。

たとえば彼は少し後になりまして、アインシュタインと親しくなるようになり、彼の一般相対論の話を聞いて、その構想があまりにも雄大なので、自分はすっかり打たれてしまった。そして、それを専門として研究するのをやめよう、もうやってもあかんと思った。そのかわり、当時まだ相対性理論をよく理解してない人、反対する人がたくさんあったから、相対性理論を擁護するために、ひとつよくわかる本を書いてみようというわけで、相対論に関する本を書いたと言ってます。実際その本は非常にわかりやすい。今では、随分古い本なわけですが、私は今でも相対論の参考書の中では、彼の本がいちばんいいと思っております。しかし、これが彼のディレッタントであるということと、どう対応しているのかよくわからないんです。むしろ私自身は、大学へ入ってまもなく、彼の『原子力学の諸問題』という本を読み、学問に対する情熱を大いにかきたてられたのでした。それから、もう一つ、こういうことも言っています。今日の科学のやり方であるところの、いろいろ専門家がチームをつくって研究するというのは、自分にはどうも適しない、というのです。まあ彼ぐらいの年代の学者が一人前になるということは、ひとりひとりが独立して、単独の論文を発表することだった。実験をやる場合でも、せいぜい二人か三人でやっておった。先生と、助手が一人か二人手助けをしていてやるという程度であった。理論物理であれば一人でやっているというのがふつうだったわけです。ですから、何人かが一つのチームをつくってやるなんていうのは大分あとの話ですね。ボルンがそれに、適しないと思ったとしても、別に不思議じゃないが、後になると、ボルン自身がゲッチンゲンで有力なグループをつくるようになったのと矛盾してるようにも思える。

しかし、それだけではないので、彼は非常に哲学的傾向が強い。プランク以上に哲学的傾向の強い人で、個々の科学よりも科学の哲学的背景に、いつもより多くの関心をもっていた。そういうこともいっているわけで、それも大いに関係のあることですね。

古典音楽と共鳴した理論物理学

それから、彼はいろいろな経験を語っていますが、その中に音楽に関する話がある。私たち日本人の伝統の中にあまりなかったもの、少なくとも武士の社会の中にほとんどなかったものとして、音楽というものがある。ドイツとオーストリア、それから周辺の国を含めて非常にすぐれた音楽家を輩出していますが、そういう地域から、特に一九世紀以後、非常に多くのすぐれた理論物理学者も出ているわけです。その中には、音楽愛好者が非常に多い。そして、自分で何かやる。まあアインシュタインはヴァイオリンを弾くし、プランク、ボルン、ハイゼンベルクなどはピアノをやる。これは明治以後の日本の知識階級の伝統の中にはあまりなかった。それは江戸時代の武士階級の音楽軽視の伝統が尾を引いているわけで、公家、農民、商人などの間では、必ずしもそうでなかった。

こういうことが、どういう意味をもっているか、よくわかりません。別にむつかしく考えなくてもいいことでありますけれども、たとえば私自身の小さいときのことを考えてみますと、だいたい私の父親は明治初年に生まれた人物で、さむらいの経験はありませんが、さむらいの気風は残していた。さむらいが信奉しておったのは儒教、といっても、とくに朱子学というのがふつうですが、その中には、音楽の占める場所はない。書画は尊重されたが、音楽はいやしめられていた。

ずっと大昔はそうじゃなかったわけですね。儒教も礼楽を重く見ていた。後になるほど、中国でも詩文や書画などに対する音楽の比重が軽くなっていった。殊に日本に来ましてからは、音楽は要するに音曲であって、奨励すべきものでないと思われてきた。明治以後、洋楽が入って様子が変ってきた。私の若いころにラジオが普及しだしまして、私の家庭にもラジオがあった。当時、音楽番組がむろんあったわけです。私の父親は、ラジオの音楽が聞えてきたらすぐ消してしまう。ところが、同じ音楽でも謡曲だけはよろしい（笑）。音楽性が非常に稀薄だからいいというよりも、むしろ謡曲というのは江戸時代のさむらいに許された、唯一の音楽だったからだと思います。当時の私は、謡曲には興味ありませんでしたし、小学唱歌など以外に音楽を聞く機会が少なかった。そういう家風でありましたから、いまになっても西洋音楽というものが本当にわかってはいない。これは私の盲点の一つですね。

そういう文化というものはなかなか変らないで、あとへどんどん尾を引いていくものであるように思われますが、しかし、そうとは言い切れない。戦後になってからの日本の若い人たちを見ておりますと、非常に自然に西洋音楽が身についている。われわれの時代の人の中にも、そういう人はありましたが、それは少数だった。今や若い日本人の古典音楽をふくめての西洋音楽に対するセンス、聞く耳というか鑑賞する力というか、また自分で演奏し作曲する力を見ましても、別にほかの国に劣っておらないように思われます。そういう変化がいつのまにか起っている。背が高くなっただけじゃない。

話が脇道に入ってしまいましたが、元へ戻って物理学と音楽の関係ですが、ドイツやオーストリアほどに古典音楽の発展しなかった西欧諸国、たとえばイギリスからも、すぐれた物理学者がたくさん出ていますから、私は西洋音楽にあまり強くないことを、別にハンディキャップとは思っていません。そんなことにかかわりなく、私は私なりの物理をやればよいと思っているわけです。

それはそれとして、先ほど申しましたドイツやオーストリアの物理学者にとっては、古典音楽が単なるリクリエーションではなくて、彼らが、物理学を探求する気持と何か共鳴するところのものがあったんじゃないかとも思われます。

さて、ボルンは一九二一年にまたゲッチンゲン大学に戻ってくるんです。一九二一年というと、皆さんの大多数にとっては大昔でありますけれども、私のような年輩のものには決して大昔ではないのであります。このころ私は中学生だったが、ボルンはゲッチンゲン大学の理論物理の教授になったわけであります。ところが、最初に彼の助手になったのが、ハイゼンベルク（Werner Heisenberg, 1901〜）とパウリ（Wolfgang Pauli, 1900〜1958）であった。まあ、これ以上優秀な助手というのは考えられない。そういう人たちと一緒に、当時のいわゆる前期量子論なるものの検討、あるいは改善を目ざす試みをやりだしたわけですね。

そうこうするうちに一九二五年になりまして、ハイゼンベルクが有名な量子力学の最初の論文を書くということになるわけですね。そうなるまでには、ニールス・ボーアの影響が決定的に働いている、とハイゼンベルク自身は言ってますが、それはともかく、マックス・ボルンはハイゼンベルクの論文に出てくる奇妙な代数が、それまで物理学ではなじみのうすかったマトリックスの代数であるということを発見しました。それで、たちまちハイゼンベルクとヨルダン（Pascual Jordan, 1902〜）と三人で、マトリックス力学という形での量子力学をつくりあげた。そういうことができたというのは、ボルンが若い時におったゲッチンゲン大学に、先ほど申しました大数学者たちがおって、数学に関する最も良質の知識を摂取することができた。とくにヒルベルトの助手だったのが非常によかった、とボルンも言っています。

大器晩成型の理論物理学者

それから、まもなく、シュレジンガーの波動力学が出てくるわけですが、彼はボルンなどとあまり違わない年輩の人です。先ほどからの話に出てくる人たちは、みな非常に大きな仕事をしているけれども、その中には大器晩成型の人が半分ほどある。マックス・プランクが量子論を提唱したのは四十歳を越してからですし、ボルンがほかの若い二人と一緒に量子力学をつくりあげたのも、やはり四十歳を越してからですね。シュレジンガーも、一八八七年の生まれでありますから、当時すでに四十歳に近かった。私は、なぜそういう例ばかりあげてきたかといいますと、ふつうには数学とか理論物理学とかでは、二十歳代でないと非常に独創的な新しい発見はできない、と言われています。事実、そういう実例は非常にたくさんあります。しかし、そういう人たちばかりではない、ということを皆さんに知っていただきたいと思ったからです。例外も決して少なくはない。大器晩成ということが理論物理学にもあるわけですね。これは、ちょっと余談になりますけれども、ボルンとシュレジンガーとは、私の大学生時代に、それぞれ大きな影響を与えた人たちなのです。前にちょっとふれたボルンの『原子力学の諸問題』という本では、彼らのマトリックス力学に現われている、ミクロの現象の非連続性が非常に強調されていた。私は、これを読んで、これこそ新しい物理学の特質であり、この方向に徹すべきだと思った。ところが、それから間もなく、シュレジンガーの『波動力学論文集』を読みますと、反対に波動一元論という形の連続論が強く主張されている。その時は、なるほどそうかと思った。シュレジンガーという人の文章は、読む人を説得しなければやまない迫力をもっている。もっときつい言葉を使えば、読者を折伏しようとする。気迫で圧倒しようとする。後になって彼の書いたいろいろな書物を読むと、多かれ少なかれ、そういう感じを受ける。

ところで、波動力学一元論そのものは具合悪いことが、まもなくわかってきた。それを、最初にはっきり示したのはボルンだったわけです。そこでボルンは、波動力学そのものを実体と考える代りに、波動関数の絶対値の二乗が粒子の存在の確率を表現してる。したがって、波動関数自身は確率振幅というべきものであるという、いわゆる量子力学の確率解釈なるものをボルンが言い出した。そのあとハイゼンベルクの不確定性関係とか、ニールス・ボーアの相補性の概念とかが出てくる。

それから、次にこういうことを書いている。私の身につまされる話ですが、そのころ、つまり一九二五年の終りから一九二六年の初めにかけて、彼はアメリカのＭＩＴ（マサチューセッツ工科大学）に講義に行った。そのときの講義がもとになってできたのが、先ほどから何度も引き合いに出してる『原子力学の諸問題』という本ですが、アメリカから帰ってくるころには、彼は国際的に有名になっていて、ゲッチンゲンには、ドイツはもちろんのこと、いろいろな国からも非常にたくさんの物理学者が集ってきた。それで、大学で講義をした後、夕方になると自分の家に若い連中がやってくる。ところが、当時、自分は四十歳代のなかばに達しておった。そういう若い連中を相手にしているというのはものすごくしんどかった——そういう述懐をしてる。それは、今も昔も変らない。大学で若い連中を相手にするだけですまないで、家に帰ってからもまた押しかけてきてディスカッションなどをやっている。ものすごくしんどいのが、私にも目に見えてわかる（笑）。しかし、彼はまじめで善意にみちた人でありますから、そういうのを相手にいろいろ指導もしただろうが、それよりも指導どころじゃなくて、いろいろな話を理解しようと努力した。あまり一生懸命になったので、神経がまいってしまった。それで病気になってしまった。彼は実に尊敬すべき人ですね。

そういうことがありまして、やがてヒットラーの時代がくるわけです。ボルンはユダヤ人です。プランクやハイゼンベルクはユダヤ人じゃないんですが、ボルンはアインシュタインと同じようにユダヤ人です。

ユダヤ人科学者

私ども日本人には、ユダヤ人でない西洋人とユダヤ人と、どこが違うのかよくわからない。それがかえっていいので、私はそういうことにかかわりなく、ヨーロッパやアメリカの学者とつき合ってまいりました。何となく違いがあるようにも思いますが、それも統計的な平均の話で、たとえばマックス・ボルンという人など、特に平均から大きくはずれているように思います。その理由は、おいおいお話したいと思います。

ヒットラーの時代がきまして、彼はユダヤ人であるという理由でドイツから出なきゃならん、それでいろいろ苦労したあげく、エディンバラ大学に落着いたわけです。そのころ、正確にいえば一九四九年に、私もエディンバラに行きましてボルンに会いました。これが初対面ですけれども、非常に親近感がもてた。ユダヤ人の中には非常にえらい学者がたくさんいるわけなんですが、ふつう言われておりますのは、ユダヤ人というのは、何か一つのことにものすごく執念を持って、どこまでも頑張るということですね。私たち日本人から見ると、西洋人一般にそういう傾向が強いように感じられますけれども、その西洋人から見ても、ユダヤ人のほうがそういう傾向がもっと強いと感じられるらしい。

ところが、ボルンという人は、わりあいにあっさりした人ですね。非常に気持がやさしい。何となく日本人に近いように思う。先ごろ『日本人とユダヤ人』という本が出ました。私は読んでいません（笑）。ベストセラーは読まないという私の主義に忠実であろうとしたからです。しかし、読まなくても、人がこういうことが書いてあると教えてくれる。それによると、要するに日本人とユダヤ人が非常に対照的に違うということが書いてあるらしい。しかし、一口に日本人とユダヤ人といいましても、非常にいろいろなヴァラエティがある。たとえばドイツあるいはオーストリアで育った人と、ハンガリーで育った人では違うでしょう。どういう社会の中で育ってきたかということで、随分違うでしょうね。それを一律に簡単に片づけるのは無理でしょう。

多分、日本人のほうがもっと一様性が強いとは思いますが、それでも簡単にこうだ、と割切れませんね。日本人は単一民族だと申しますけれども、その中に随分、いろいろな人がいますね。平均から相当ずれた人がたくさんいる。そうであるから面白いので、みんな同じだったら、こんなにつまらないことはない。私は人間というのは全部変っていると思います。ただし、困ったことに、人に迷惑かけるような変り方が人の目につく。人に迷惑をかけんようにしている人は、どこが変っているのかよくわからん。そこで、前者のほうが評判になる。本当はみなどこか変っている。すべての点で平均値に一致する確率は、決して大きくないわけです。そういう人こそ珍しい人かも知れません（笑）。

ただ、日本では変っているのはいいことではないという通念があるらしい。そういう考え方をする人のほうが多数派らしいですね。それが、すなわち日本人の特徴の重要な一つかも知れない。しかし、すべての人がそうだといわれると困る。そういうことを言うてると、それがまた一つの日本人論になる。私が日本人論には興味がないと言ってること自体が、日本人論に参加してることになる。自縄自縛ですね。いずれにせよ、日本人は一様でないということと関連して、日本人とユダヤ人とは必ずしも対照的とは言えないという感じが私にはある。たとえばアインシュタインは、あるときこういうことを言っています。これはシュヴァイツァーにも通じる話ですが、ユダヤ人というのは、本来、生きとし生けるものの生命を尊重するという考えが総じて非常に強いのだ、と。しかし、こういう意見が果してユダヤ人の大多数に適用できるかどうか、私にはわかりません。ただ、ボルンという人には確かにそれを強く感じますね。人間とほかの生物の間の断絶よりも連続性のほうを強く感じる。それは私たち日本人には共感しやすい。

クレバーよりもワイズを——晩年に想う

話がまた変りますが、ボルンとアインシュタインの間の論争というのがあります。これと似た論争が、ボーアとアインシュタインの間でも、もう少し後に行われました。どちらも量子力学の物理的、あるいは哲学的解釈に関するものです。ボルンはアインシュタインを非常に尊敬している。そういう論争は大いにやるが、それだからといって、自分たちの友情には少しも変りはなかった、といっています。これはなかなかむつかしいことですね。ことに私たち日本人は、学問的な論争には慣れておりません。風土といいますか、文化といいますか、習慣といいますか、ディシプリンというか、とにかく、そういう伝統を持っておりませんので、学問的な論争がとかく感情的になってしまいやすい。そしてあとまで、そのしこりが残って、たいへんまずいことになる。それは大いに反省すべきことです。

そもそも論争をやるというのは、もちろん真理を求める気持が強いからですが、それと同時に自己主張の強さの問題がある。私は随分、いろいろな国の学者に接してきたが、東洋・西洋を問わず、日本以外の国の学者の自己主張は、平均的に見て、日本の学者より遥かに強い。特に西洋流の対話というのは、イエスとノーのやりとりで終始する。私たちは、むしろ相手に正面から反対するのを、できるだけ避けようとする。できるだけ賛成しようと努める。それが対話ですね。私は子供の時に、人と一生懸命になって論争したりもしたが、その後そういうことが、だんだん好きじゃなくなってきた。まあわかる人にはわかる（笑）。そのうちにわかってくるだろう。自分の考えているのが少数意見であるほうが楽しい。いつまでも多数意見にならなかったらさみしいけれども、いずれまあなるだろう。

どこまでも徹底的に自己主張をする、という気持はないですね。そういうのは学者としてだめなんじゃないかと、大いに自己批判する人もあるが、私はそうは思わない。私はわりあい自信過剰な人間で、人がわからんでもかまへん、わからんほうが面白い（笑）。こっちが一生懸命に考えたことが、いっぺんでわかってしまうようなら、大した考えでもなかったということになる。そういう気持をいつでも持っているんで、人に対して不親切になる。もうちょっと丁寧に説明したらわかるのに、といわれる。これは生まれつきでもある。昔から、朝永さんからよく言われたんですが、どうも湯川さんの話は漠然としている、と。まさにそのとおりです（笑）、自分でもそう思う。フランスのド・ブロイ（Louis de Broglie, 1892〜）は論争を好まない人で、国際会議にも出てこないが、その気持はわかりますね。

さて、ボルンは一九五三年にエディンバラ大学を定年退職いたしましてドイツに戻ってきた。自分の好きなゲッチンゲン郊外のバッド・ピアモント——バッドというのは温泉か冷泉か知りませんけれども、そういう静かなところへ引っ込んだ。そういうところへ落着くと、人間というのは自分の専門以外のいろいろなことを考えるようになるんですね。大学では忙しくしていたのが、少し暇になり、年もとってくる。そこで彼は何を考えたかというと、アインシュタインと非常に似ておりまして、やはり平和の問題です。核時代の中での平和の問題を非常に深刻に考えた。そして考えれば考えるほど悲観的になってきたんですね。そもそも科学の進歩ということは喜ぶべきことかどうか、ということまで非常に深刻に考えるようになってきた。私なども同じように考えますね。

それで、彼は昔をふり返ってみると、先ほど申しましたように、ゲッチンゲンではハイゼンベルク、パウリのような優秀な助手が最初おったが、その後、引き続いて優秀な若い学者がたくさん集った。それを列挙すると、フェルミ（Enrico Fermi, 1901～1954）やオッペンハイマー（Robert Oppenheimer, 1904～1967）やテラー（Edward Teller, 1908～）などを含めて、有名な学者のたいへんなリストになるわけですね。そういう人たちは、非常に優秀な連中であった。しかし、彼らが自分のところにきたのは、まだ純粋科学が存在しておった時代だ。それらの人はみんな非常にクレバーだった。それは私にとって満足すべきことであったはずである。しかし、私は彼らがそれほどクレバー、そんなに利口でなくてもいいから、もっと本当にワイズ、もっと知恵を持っておってくれたらどんなによかったかと思う、というようなことを言っているわけです。それは原爆を開発したオッペンハイマーなどや、さらにもっと強く水爆を開発したテラーに対して言っていることなのです。しかし、そういう人たちが若い時、自分のところで勉強していたことを考えると、自分にも責任があるのじゃないか、そう思うと悲観的になる、というようなことを言っているわけであります。

特色ある三つの学派

ボルンの話がだいぶ長くなりましたが、彼は一九七〇年一月に亡くなりました。亡くなった直後にハイゼンベルクが追悼の演説をしております。その中で、次のようなことを言っております。

当時、というのは量子力学ができる直前ですが、三つの学派というべきものがあった。一つはミュンヘン学派で、ゾンマーフェルト（Sommerfeld, 1868〜1951）という人がそのリーダーです。次はゲッチンゲン学派で、リーダーはボルン、もう一つはコペンハーゲン学派で、リーダーはボーアです。

ミュンヘン学派のほうはどういう考え方であったかというと、プランクから始まりまして、ボーア、それを少し一般化した、日本で前期量子論といわれるものが存在していたが、その線の上をずっと進んでいけば、ちゃんとした理論ができるだろうという考え方です。

ところが、ゲッチンゲン学派のリーダーであるボルンは、将来の理論というのは、そういう線の延長上にあるものとは本質的に違うものであろうと思っていた。その点では、コペンハーゲン学派と比べても、より一層革新的だった。ボーアのほうはニュートン力学をまず一応考える。それに量子条件というもの、それからもう一つ振動数条件をつけ加える。ところが、ニュートン力学と、後の二つの条件は矛盾している。しかし、この矛盾をできるだけニュートン力学に密接しながら解決しよう。つまり対応原理というのを手がかりにして着実に進んでゆこう――これがボーアの姿勢だったが、ボルンのほうは何か全く新しい理論を発見しなければならない、という気持が強かった。

　ボーアはイギリス的なプラグマチズムの伝統を身につけていた。だから一足飛びに別のところへ行くべきだという意識は、ボルンほど強くなかった。それと、ゲッチンゲン学派の成功したのは、ボルンに非常にすぐれた数学的な知識があったからである。これは先ほど申しましたように、ゲッチンゲンというのは非常にえらい数学者の輩出したところであったからだ。そういうようなことをハイゼンベルクは言っております。

　実は一九六七年にハイゼンベルクが日本に来た時に、私は彼といろいろな話をいたしました。ハイゼンベルクは、現代の物理学というのは、素粒子論が頂点でありますけれども、全体として量子力学の成立以後、デモクリトス的でなくてプラトン的な性格が強くなってきた、と盛んに言うのです。その意味について詳しく説明していると長くなりますからやめますが、つまり素朴実在論的な観点からうんと離れてしまって、非常に数学的、抽象的、シンボル的になった。とくに素粒子論になると、それがますます甚しい。それは、まさにプラトン的なものである。数学的な簡潔さがほとんど唯一の目安になる、非常に抽象的なものになるほかない。そういうことを盛んに言うわけです。

　それはそれとしまして、なぜ彼は盛んにプラトンを引き合いに出すのか、私の勝手な推察を申しますと、彼はみずからをプラトンに擬しているところがあるんじゃないかと思う。そして、彼の先生のボーアをソクラテスに擬しているのではないか。ボーアという人は非常にソクラテス的な人なんですね。ソクラテスというのはどういう人であったか。いろいろな人が彼のところへ自分の考えを述べにくる。ソクラテスはいろいろ質問する。その質問にきた人は、はじめはわかっているつもりであったが、質問されて答えに困っているうちに、とうとう自分が何もわかっていなかったということがわかって、すごすごと引きさがる（笑）。そのうちには、あとでまた考え直す人もあったでしょうが、多くの人から憎まれる結果になったらしい。ボーアは大きな包容力のあった人ですけれども、しかし、今いった点ではソクラテスに似ていますね。

また、こういう話があります。

これもハイゼンベルクから聞いたことですが、シュレジンガーが波動力学を提唱した時、ボーアは彼を呼んできて話を聞いた。そのあと、波動一元論はだめだ、と盛んに言った。シュレジンガーは必死になって防戦するうちに、とうとう病気になってしまった。コペンハーゲンの病院に入る。そうすると、ボーアは病室にやってきて（笑）、さらに説得にかかる。

日本にきた時のハイゼンベルクは、そのほかにもボーアの話をいろいろ聞かしてくれた。私はそれとなくボルンのことを聞こうとしたんですけれども、とうとうそれにはふれなかった。どういうわけだったか私にはよくわからなかった。ところが、今申しましたボルンの追悼演説なるものを見ると、さすがハイゼンベルクで、やはり公平な判断をしておりますね。

気迫にみちたシュレジンガーの文章

ボルンの話が少し長くなりすぎましたが、先ほどから話に出ているシュレジンガーという人のことを、もう少しつけ加えたいと思います。彼は哲学者になりたかったと自分で言っている。ボルンだけではなく、この時代の理論物理学者にはそういう人が多い。世代の違う私なども、若い時に哲学者になろうと思ったこともある。だからシュレジンガーという人の気持がわりあいよくわかる。

この人はウィーンで生まれた。ユダヤ人ではなかった。プランクの後任として、ベルリン大学の教授になったのですが、やがてヒットラーの時代になってドイツにいるのがいやで、結局、アイルランドのダブリンの高等科学研究所に落着くことになる。晩年には、また生まれ故郷に戻っていますが、残念ながら私は一度も彼に会う機会がなかった。

彼は非常な名文家で、文章のすみずみまで気迫にみちております。どういう問題を取り扱いましても、説得力を持っております。『生命とは何か』という有名な本がありますが、自分の専門以外のことを書いているのに、多くの科学者に影響を与えた。

それが一九五〇年代の分子生物学の急速な発展の一因とさえなっているのです。それから彼が亡くなりましてから、『わが世界観』という書物が出ております。これも非常に面白い本です。文学的にもすぐれた著作と言えるでしょう。第一部と第二部に分れており、第二部は死ぬ少し前に書いたようですが、一九二五年に書いた第一部と考え方はあまり違わない。むしろ第一部のほうが生き生きとしていて面白い。一九二五年というと、彼が波動力学という、彼の生涯のいちばん大きな仕事をする直前なんですね。そのころ、まだ彼は大学で理論物理の講義でもやりながら、自分の本来の念願である哲学の道を歩みたいと思っておった。だから、世界観に関することを書いておったわけです。この本の序文に、そういうことが書いてある。

本文は次のような文章から始まっている。このごろの力学の教科書のいちばんはじめに必ず、力学とは物質の運動および静止の正確なる記述である、という文句が書いてある。つまり、それは事実の忠実なる記録であればよろしい、ということだ。もしも力学、あるいは一般に物理学というのがそういうものであり、さらに広くサイエンスというのはそういうものであるというならば、それは恐るべく、むなしいものではないか。彼はそう感じたと書いている。これには私も大いに同感であります。彼はさらに語気を強めて、科学から形而上学を完全に除いてしまったら、残るものは骸骨だという。私などもそういうことをよく言うんですが、それは最近二十年ほどの間の科学の状況に対して言うているんです。ところが、シュレジンガーは今から五十年近く前、まだむなしさなんか感じなくていい時代に、そういうことを言うていたわけです。

彼は何とかして一元論的な決定論的な考え方でずっと通そうとした人ですね。したがって、生命の問題に対しても決定論的な立場で割切ろうとした。先ほど申しました『生命とは何か』でも、一九四〇年代でＤＮＡの構造なんかまだわかっていない時代であるにもかかわらず、決定論的なメカニズムを生命が持っているという面を、非常に強調して書いてあります。当時、それを読んだ私は、あまりにも決定論に片よりすぎているように思いましたけれども、しかし、その後の分子生物学、生物物理の発展を見ますと、少なくとも今日までのところでは、そういう考え方で非常に多くの重要な事実を説明できるのです。それは非常に皮肉なことでして、無生物の世界、つまり機械論的、決定論的な考え方で割切れそうに思われていたところでは、彼の決定論的な波動一元論が成功せずに、生命のような、いかにも非決定論的で、多様性の著しい世界で、彼の予想が的中したわけです。量子力学の解釈に関するボーアとの論争では、明らかにシュレジンガーの旗色が悪かったが、生命の問題で逆転勝ちした、ともいえましょう。

こんなことを話していると切りがありませんが、今まで話してきた物理学者は、どうも何かそれぞれ執着しているものがありまして、表面的には考えが変っているように見えても、心の底は案外変らないのじゃないか。そして、若い時に表面に現われた考えよりも、むしろ、もう少し年をとってからの考えのほうが、その人の本性みたいなものがよく出てる場合があるのじゃないか、そんなことも考えられる。

これを、もう少し違った側面から見ると、若いときの考えには、壮年以降にはない鋭さがある。その代り一方的に片よるということがある。一理貫徹というか、一つの考え方でずっと貫けるんだと若い時は思いこむ。私自身もそうでした。しかし、どうもそうはゆかないということがだんだんわかってくる。それを知恵といっていいかどうかわかりませんけれども、たとえばボーアという人には、そういう知恵みたいなものが、いちばんよく現われている。彼の考え方は妥協的だ、純粋でないと見られやすいところがありますけれども、しかし、物理のように本来すっきりした学問だと思われておったようなものでさえも、一面的な見方では片づかないということがわかってきた。それは否定できないと思いますね。

私がさっきからあげてきているような人たちは、自分の生涯の間のある時期に、物理学の変革を身をもって体験し、またそれに貢献した人たちですね。そして、それは彼らの思想を根底からゆるがすことでもあったわけです。学問というものは、どの学者にとっても、本来、単なる専門ではなくして、その人の人間としての存在の全体と深くかかわりあっているものだ、と私はいつも思っております。現在の私たちの置かれた状況の中で、今いったような意識を持って学者として生きてゆくということは、極めて困難なわけですね。大学紛争の中から、専門バカという言葉が出てきた。しかし、本当に専門バカに徹することさえ、たいへんむつかしいのでありまして、私は専門バカというのは、むしろ尊敬すべき存在だと思うわけであります。いずれにしましても、学者が学者であることの極めて困難な時代ですね。しかし、そういう時代に学者として生きるというのも、またいいことではないか。先ほどのプランクについても、その他の学者についても言えることでありますが、その中にはユダヤ人であるがゆえに自分の生まれた国からほうり出されて非常に苦労した人もいる。しかし、苦労したがゆえに、その人の学問も思想も非常に深まった、ということもあるに違いないと思うのであります。

（昭和四十六年）

アインシュタイン博士の追憶

アインシュタイン博士が大正十一年に改造社の招待で日本へ来られた時には、私はまだ中学生だった。たいへん偉い学者であるということは私も知っていたが、講演を聞きに行っても解るまいと思って遠慮した。しかしその後、私が理論物理学を志すことになったのも、一つにはアインシュタイン先生の目に見えない影響力によるものであったかも知れない。昭和十四年に私はヨーロッパへ出かけたが、世界戦争が始まったので急いでヨーロッパを立ち退き、アメリカを経由して日本へ帰ることになった。そのときプリンストンの先生のお宅を訪問して、初めて先生にお会いした。当時すでに先生の頭髪は半ば白くなっておられ、もはや功成り名遂げて、ゆうゆう自適の生活に入られた学界の長老であるという第一印象をうけた。

しかしちょうどそこへ先生の門下の若い学者の一人が訪ねて来て相対性原理に関する討論が始まると、先生は急に生々としてこられ、真理を探求する情熱には少しも衰えのないことを知った。昭和二十三年には私はプリンストンの高等科学研究所に招聘されたので、先生とは度々お目にかかる機会ができた。私の部屋は研究所の三階にあり、前の広い芝生が一目で見渡せた。朝十一時ごろになると、芝生の中の道を向うからゆっくりと歩いてこられる先生の白髪が、一目でそれと判った。先生は質素というか簡素というか、身なりにも住居にもゼイタクということには全然関心を持たれなかった。自動車その他文明の利器を利用することさえも好んでおられなかったようである。研究所へ入って来られてもエレベーターには乗らず、コツコツと階段を上ってゆかれるというふうだった。先生がプリンストンに落ち着かれた当時、あるエレベーター会社が、二階しかない先生の家にエレベーターを寄附しようと申し込んできた。先生の周囲の人がビックリして、この申し出を断わったという話も聞いている。

エレベーターのいるような豪壮なお宅ではもちろんなかったし、また仮にエレベーターをつけても、そういうものを利用されなかったに違いない。先生とお会いしてよもやま話をしていると、先生の人間としての温かさがひしひしと感ぜられた。自分は東洋人だということを、いつも私にはいわれた。そういう言葉の中には、アメリカの機械文明に対する皮肉が幾分か含まれているように私には感ぜられた。かつての日本訪問は先生にたいへんいい印象を与えたらしく、改造社長山本実彦氏や石原純博士のことをなつかしく想い出しておられた。日本の人口問題についても心配というか同情というか、温かい心遣いを示され、私は身にしみて有難いと思った。

先生は元来孤独を愛する人であった。自分の好きな理論物理学の研究に没頭することを最大の喜びとしておられた。多勢の弟子を指導養成することよりも、むしろ自分ひとりで自分の道を開拓してゆくということの方に、より多くの努力をされたように思う。従って学問の世界以外に足を踏み込むことは本来、先生の極力避けようとしておられたことだった。しかし先生の人間としての温かい同情と、小さい頃からユダヤ人として体験してこられた人間世界のいろいろな非合理性に対する憤懣が、結局先生を単なる学究人として止めておかず、先生をして虐げられた人々の味方であり、また世界平和の使徒たらしめた。先生のヒューマニズムは単なる思想ではなく、先生の生活のすみずみまで浸透していた。自分が世界で最も有名な科学者であるというような自負心はどこにも見出されなかった。どんな人に対しても同じ人間として接せられた。

一昨年私が日本に帰る前、映画を撮られることになった。荷物のこしらえで忙しい最中だったので再三断わったが、とうとう引受けることになった。この映画の中に先生も出て欲しいという監督の切なる要望があったので、私は先生ご自身が承諾されるならば、こちらはもちろん異議はないといった。先生は監督の申し出を快よく承知されたので、先生のお宅の近くの森の中を先生とプリンストン大学のホイラー教授とインドのバーバ博士と私の四人がいろいろ話をしながら歩いているところを映画に撮った。そのとき監督がもう一度とり直したいといったので、私は老先生を度々わずらわしてはいけないと叱った。すると先生は「人はだれでも邪魔されない権利を持っている」と一言いわれた。この言葉を私はいつまでも忘れることはできない。これが先生とお会いする最後の機会になろうとは夢にも思っていなかった。先生のような大学者、先生のような偉大な人間を失ったということは、われわれ物理学者だけではなく全人類にとって、とり返しのつかない、大きな損失であると思う。先生が物理学者として、いかに偉大であったかということは、一言ではつくしがたい。先生のいちばん大きな業績はもちろん相対性理論の建設であるが、それはニュートン以来の物理学に根本的な変革をもたらしたばかりでなく、それから出てくる結論が、それ以後の物理学全体にどんなに大きな影響を及ぼしたか、はかり知れないものがある。それは、一方では宇宙全体の構造とか進化とかいう問題を解明する新しいカギであったばかりでなく、他方では、極微の世界で起こるさまざまな現象を理解するためにも、なくてはならぬものであった。

たとえば有名な、アインシュタインの関係式、すなわち質量に光の速度の二乗をかけたものがエネルギーに等しいという関係は、相対性理論の一つの結論であるが、それは、あらゆる原子核反応を通じて、常に正しいことが証明されているばかりでなく、原子力を論ずる場合の出発点ともなっているのである。相対性理論をほとんど独力でつくりあげたというだけでも、先生をして二〇世紀の最大の物理学者たらしめるに十分であるが、先生の量子論に対する貢献もまた非常に大きなものがある。プランクの量子の仮説を徹底して、光子の概念を確立したことは、その後の原子物理学の進歩に決定的な影響を及ぼした。特殊相対性原理をいい出したのも、また光子の仮説を提唱したのも、どちらも一九〇五年、先生が二十六歳の時のことであるが、さらに、同じ年にブラウン運動に関する重要な論文を発表しているのをみても、先生がいかに豊富な才能に恵まれた天才であったかをうかがい知ることができる。

それから十年ののちに一般相対性原理を提唱したが、その構想の雄大なこと、その理論体系の美しいことは、私どもがどんなに嘆賞しても足りないくらいである。先生は、偉大な科学者にのみ与えられるところの、美的感受性の鋭い人であったように思う。一般相対性原理から出てくる結論が、日蝕の観測によって見事に裏書きされ、世界中の人々が相対性原理に興味をもつようになったのであるが、そのような証拠がなくても、一般相対性理論は、その雄大さと美しさだけでも、われわれ物理学者にとっては、何ものにもまして魅力的なものである。

一般相対性理論は万有引力を時間、空間の構造と不可分に結びつけたものとして、重大な意味をもっているが、先生はこれに満足せず、さらに電磁気的な力をも時空の構造と結びつけようと努力してこられた。これがすなわち統一場の理論といわれるものであって、先生の晩年はほとんど、この研究に終始した。しかし今日、われわれは万有引力や電磁気的力のほかに、第三の力として核力が重要な意味をもっていることを知っているばかりでなく、その後に発見されたいろいろな素粒子が、一応すべて量子化された場として表現されているのである。それらの場の全体を統一的に把握するという意味の統一理論の建設が、今後の物理学の根本問題である。私はこの方面の研究に努力するのが、アインシュタイン先生の偉業をつぐことになるのだと思っている。

以上述べたごとく、アインシュタイン先生が何百年に一度しか出てこない偉大な科学者であることは議論の余地がないが、それに劣らず、先生は人間としても偉大であった。先生はドイツに生まれ、スイスで学び、やがてベルリン大学の教授となったが、その間、ユダヤ人として、しばしば人種偏見の犠牲者となった。そして、ついにナチス・ドイツを追われてアメリカに安住の地を求めざるをえないこととなったが、このような境遇は、かえって先生を民族や国境を超越する偉大な人間にまで育てあげるのに役立ったともいえる。先生の人類愛というか、平和を愛好する熱意というか、あるいはヒューマニズムというか、そういうものは単なる思想の域を脱して先生の考え方、生き方のすみずみにまで、しみ渡っていたように思う。先生は元来脱俗的な人で、自分一人で自分の好きな理論物理学の研究に没頭することに最大の喜びを感じていた人に違いない。しかし、それにもかかわらず、先生は世界平和のために、またしいたげられた人々のために、声を大にして叫ばざるを得なかったのである。特に、核兵器の脅威にたいしては、自らの責任を痛感して、早くから警告を発することを怠らなかった。核兵器の禁止のために、また永続する世界の平和のために、私どもがさらに一層努力することこそ、先生の遺志を全うするものであると信ずる。

（昭和三十年四月）

ニールス・ボーア博士と二〇世紀の物理学

二〇世紀の最初の三十年ほどの間は、物理学の第二の革命の時代であった。第一の革命の時代がガリレイからニュートンにいたる百年近くにわたっているのに比べると、ずいぶん早く一応の終結に到達したという感じがする。しかし、両者をもっとよく比べて見ると、第二の革命の方が、時間的に内容が圧縮され、密度が高くなっている、ともいえそうである。密度が高いという感じには、ニールス・ボーアのイメージが離れがたく結びついている。真理の発見への過程は、彼の場合には、苦渋に満ちた、しかし、それだけに密度の高いものになっているように見える。特に、この点で彼は先輩のアインシュタインと対照的である。

アインシュタインにとっては、真理は美しく、かつ透明でなければならなかった。彼の相対論、特に一般相対論は、そういう理想の具体化であった。それを彼は、一挙に、そしてやすやすと成しとげたように見える。彼はプランクに始まる量子論をも、同様に透明な単結晶に成長させ得るものと期待していた。

これに反してボーアは、その出発点からして、古典物理学と量子論の間の矛盾を深刻に意識していた。一九一一年に、古典物理学の枠の中で構築されたラザフォードの原子模型は、安定であり得ないばかりでなく、原子の大きさや、そのほかの特性を規定する「きめ手」にかけていることを、彼はまず看取した。そして彼はプランクの量子仮説こそが、「きめ手」であることを明確にした。しかし、それは古典物理学を一挙に新理論でおきかえることを意味していなかった。たがいに矛盾した古典論と量子論のどちらにも一面の真理があることを認めざるを得ないという事態は、西欧的伝統の中に育った科学者にとって、容易に呑みほすことのできない苦杯であったろう。それ以後の十数年間、彼のコペンハーゲンの研究室に集ってくる若い優秀な物理学者と徹底的に語りつつ考える過程の中で、彼はこの矛盾の奥底に潜む真理に徐々に、しかし着実に近づいていった。それらの若い学者の中でも最も傑出したハイゼンベルクが、一九二五年に量子力学建設の第一歩を踏みだすと間もなく、シュレジンガーはコペンハーゲン学派とは独立に、波動力学の名のもとに、一見、全く異質的な理論をつくりあげた。ところが、それらが数学的に同等であることが証明され、原子のスケールの世界で起る諸現象の記述に関しては、人間的ないし太陽系的スケールの諸現象に対してニュートン力学が占めていたのに相当する地位を、量子力学が占めることが、明白となった。

しかしながら、そこにはニュートン力学の場合にはなかった重大な問題が残っていた。それは量子力学の数学的構造に、どのような物理的意味を対応させるかという問題であった。シュレジンガーの波動一元論的決定論の困難は、ボルンによる波動関数の確率解釈によって克服され、さらにハイゼンベルクの不確定性関係の発見によって、量子力学の非決定論的性格が動かしがたいものになった。そういう状況の中で、問題はだんだんと哲学的色彩を強めていった。一言でいえば、焦点は物理的実在とその認識という問題に移っていったのである。

一九〇〇年のプランクの量子仮説は、四半世紀後に現われたド・ブロイの物質波説の提唱と相まって、物理学者の多くを、粒子・波動の二重性の難問によって、悩ましつづけてきたのである。シュレジンガーは波動一元論から出発して、粒子的性格を演繹しようとして失敗し、ボルンは粒子像から出発して、波動に確率解釈をあたえることによって成功した。

しかしボーアは、粒子か波動かの、どちらか一方を、より実在的だとする立場をとらなかった。彼にとっては、二者のどちらも物理的実在の重要な性格であった。しかも実在を古典物理学的な描像と単純に同定させようとする限り、二つの性格は二律背反的とならざるを得なかった。このような状況の中で、択ぶべき道としては、古典物理学的描像から訣別してしまうか、あるいは古典物理学的諸概念が、依然として実在の認識のために不可欠の役割を持つと考えるか、の二つがあった。

ボーアは第二の道を択んだ。彼は前に述べたように原子模型を提唱した時から、この道を択ぶべく運命づけられていたように思われる。彼にとっては、原子の世界で起る諸現象の観測に必要な装置が、古典物理学的性格を持っている点が、決定的に重要であった。そして、そういう装置につながることによって、はじめて観測される微視的対象もまた、古典物理学的諸概念を媒介として把握さるべき何物かである、というのが彼の考察の大前提であった。ところが、微視的対象に対して、粒子とか波動とかいう概念を、古典物理学的な意味で適用するならば、新しい困難な事態に逢着する。実際ボーアの強い影響の下にあったハイゼンベルクは、電子を古典力学的粒子と想定した場合、当然、同時に観測可能であるはずの電子の位置と運動量との間に、不確定性関係で示されるような、同時観測の精度の限界があることを発見した。ボーアは、これを微視的対象に古典物理学的諸概念を適用した場合に生ずる一般的な事態の特殊例と考えた。そして微視的世界の認識に関して起ってきた新しい事態を、「相補性」という概念で、一般的、統一的に把握しようとした。たとえば微視的現象の時空的記述と因果律とは相補的であると彼はいう。それがどういう意味かを、ここで詳しく説明するのはさしひかえるが、彼がこういう考察を進めてゆく過程の典型的な特徴は、必ず思考実験を行っていることである。思考実験とは古典物理学で規定される装置を、必ず一部として含んでいるものなのである。

その解釈において、不確定性とか非決定論とかを排除できない量子力学には、どうしても満足できない物理学者があった。数は少なかったが、その中にはアインシュタインとかシュレジンガーとかいう第一級の学者が含まれていた。シュレジンガーはボーアと議論した末、いったんは初期の波動一元論的決定論を捨てたが、その後、終生、不連続・不確定な量子飛躍を認めないですむような論理構成の試みをあきらめなかった。アインシュタインは次々と巧妙な思考実験を提案して、量子力学が不完全な理論であることを示そうとした。彼の若い頃に相対論に対して加えられた反論の多くが、相対論に反するかのごとく見える思考実験を根拠としていたことを思い合わせると、これはまことに皮肉な逆転劇である。もっと皮肉なのは、アインシュタインこそ微視的現象の確率的解釈を最初に言いだした人だったことである。ボーアに言わせれば、自分はアインシュタインの初期の考え方を発展させているのだ、ということになる。ボーアはアインシュタインの提案する思考実験について、一々ていねいに反論し、量子力学がそれ自身として首尾一貫した理論であることを主張した。しかし結局、アインシュタインを納得さすに至らなかった。このことをボーアは、終生残念に思っていたようである。

ボーアは彼の「相補性」を、さらに一般化して、生命現象にまで広げようとした。ところが、その後の分子生物学の発展は、むしろシュレジンガーの強調した半古典的決定論に味方してきたように見える。しかし生物学や生理学には、まだ多くのむつかしい、そして基本的な問題が残されている。ボーアの考察が将来また、何らかの形で新しい意味をもつようになるかも知れない。

それはともかくとして、ボーアは二〇世紀初期の天才たちの誰よりも、思考の制御・凝集・持続においてまさっていた。一見、彼と対照的で、孤独を愛したニュートンと、この点は似ている。そういう側面から見ると、彼は西欧の学問の伝統に、最も忠実であったともいえよう。ところが彼が自らの思考の指導原理と認めるようになった「相補性」なるものは、デカルトによって代表される西欧的思考の明晰さとは裏腹になっている。むしろ、そこにアインシュタインとは、やや違った形での東洋的な知恵の体得者の姿が見られるのである。彼のそういう側面が、だんだんとわかってくるにつれて、東洋の一角に生まれ、物理学者となった私の、ニールス・ボーアに対する関心は、近来ますます深まってくるのである。

（昭和四十五年）

仁科芳雄先生の思い出

昨年八月東京で仁科先生にお目にかかった時には、還暦とは見えぬお元気な御様子だった。羽田飛行場へ見送って下さったのが最後のお別れになろうとは、夢にも思っていなかった。先生がなくなられたという電報を受取っても、ちょっと信ぜられなかった。時がたつに従って、しかし思い出があとからあとからよみがえってくる。短い冬の日が暮れかかって、部屋の中が薄暗くなるころなどに、先生のことがふと心に浮ぶと、何ともいえぬ悲しい気持になる。窓辺に立って街をゆきかう自動車をぼんやり見おろしていると、無常迅速という言葉が、おのずと思い出される。

なき人を遠きにありて偲(しの)べとや　ここにも空は夕焼けにして

私どもは自分のおかれている環境の安定性を、無意識的に、そしてしばしば過度に信頼している。会う人のだれにでも、おのずからなる安定感を与える仁科先生のような人が、突然なくなったりすると、今さらのように人間界・自然界の根底にひそむ不安定さに愕然とするのである。

今の科学研究所、当時の理研の正門から幾つもの建物の間を、何度も曲った一番奥の二階のつきあたり、細長い明るい部屋で先生に何度お目にかかったか。自分のやりかけている仕事の話をすると、いつも「そいつは面白そうじゃありませんか」と、いかにも嬉しそうにいわれる。私は生来人見知りが強く、父にさえ自分の思っていることが十分にいえなかったくらいであるが、先生にお会いすると、自然に元気づけられ、どんなことでも楽な気持で相談ができた。一九三九年に、ブリュッセルで開かれるソルベー会議に出席するよう招待されたとき、前例がないので文部省から旅費が出そうになかったが、この時も先生がいちばん親身になって心配して下さり、結局大河内所長の好意で、理研から旅費を支出してもらえることになった。この会議自身は第二次大戦の勃発のために中止となり、わずか一ヵ月のヨーロッパ滞在の後、帰国しなければならなかったが、途中アメリカに一ヵ月いて、おもな大学を一巡し、アインシュタイン博士、オッペンハイマー博士その他多くの物理学者と話しあう機会を得たことは、非常に大きな収穫であった。今ニューヨークにあって当時のことを思い起し、感謝の念に堪えないものがある。

　仁科先生のたどってこられた道をふりかえってみると、いろいろな点で日本の大多数の科学者のそれと違っていることに、今さらのごとく印象づけられるのである。まず第一は最初から物理学を志して大学へはいられたのでないことである。専門が途中で変るということは外国ではあまり珍しくないが、日本では非常に少ない。これは一つには師弟関係とか縄張りとかいう制約が、外部から見るより強いためであったのかもしれない。

　第二の特徴は、先生が例外的に長くヨーロッパに滞在し、そこで世界的水準から見て立派な業績――たとえばクライン・ニシナの公式の導出――を成就されたことである。明治初期の科学者は、ほとんどすべてを西洋から学ばなければならなかった。それにもかかわらず明治中期には、すでに早く長岡半太郎先生のような、原子物理学界の世界的な先駆者を出していたのは、驚くべきことであった。明治後期から大正年代にかけて日本の学界が急速に向上し、外国で学ぶ必要は、ずっと少なくなってきたようにに見えた。ところが、大正末年から昭和の初めにかけて、量子力学がドイツを中心として西欧諸国に出現するにおよんで、物理学に関する限り情勢はふたたび逆転した。この新しい物理学を身につけた指導者の必要が痛切に感ぜられたのである。幸い、そのころヨーロッパの第一流の理論物理学者が相次いでわが国を訪れ、荒勝・杉浦等の諸先生がヨーロッパから帰国され、新しい理論を日本の物理学界に伝えるのに大いに寄与するところがあったが、中でも仁科先生が、当時の理論物理学界の中心である、ボーア博士の主宰するコペンハーゲンの研究所での長期にわたる滞在から帰ってこられたことは、非常に重要な意義を持っていた。

第三の特徴は、先生がその後半生を民間の研究所たるもとの理研、今の科研のために捧げられたことである。自然科学の研究のほとんど全部が官立の大学を中心として行われ、私立の大学の発展さえも容易でなかった国情の中で、理研のような純然たる私立の、しかも基礎研究を主眼とする研究所が成立し、しかも日本の科学界に重要な地位を占め得たことは、それ自身異例に属する。先生がここを本拠とし、終生を民間人として過ごされ、しかも学界の中心人物の一人であったのは、さらに例外的なことである。

終戦後、官尊民卑の弊風はよほど少なくなったが、その代り私設の諸機関は、経済的には戦前よりはるかに困難な立場とならざるを得なかった。先生が理研の解体の結果として新たに発足した科研の運営にどんなに苦労されたか、この心労が先生の天寿を縮めたのではないかと思うと、暗然となると同時に、この誇るべき伝統を持った研究所が、先生のなき後も、いっそうの発展をつづけ、昔の理研の盛時が再現されるようにと切望せざるを得ないのである。

上にあげたのはもちろん、先生の経歴の中に明瞭にあらわれた、しかしその代りむしろ外面的な特徴である。これらの特徴が先生の科学者としての、また人間としての諸特質と緊密に結びつき、たがいに原因となり結果となって、一つの偉大な人間像が成立したのである。先生の理解力と記憶力の非凡なことには、私どもはしばしば印象づけられてきた。ハイゼンベルク、ディラック、ボーア等の諸博士が相ついで日本を訪れた際の講演の通訳は、ほとんど全部仁科先生が引受けられたが、相当長い英文を、その場で聞いただけで、きわめて正確に日本語に直して話されたという一事だけでも、容易に他の人の追随を許さぬ先生の才能を雄弁に物語っている。

先生がつねに将来に対するすぐれた見通しを持っておられたことを裏書きする事例にも乏しくない。私に直接関係ある中間子問題にしても、その存否の検証に最も早く手を染められ、中間子の質量を最初に測定されたのであった。

しかし私がさらにいっそう尊敬するのは、自己の利害を超越して、さらに毀誉褒貶を無視して、他人のため、公共の目的のためにつくされたことである。私がすでに述べ来たった先生の経歴の表面的観察だけでも、この点は明瞭であろうと思う。先生の親友であったコロンビア大学のラビ博士も、いつもこの点を賞賛している。

これらの外的・内的諸特質の総合として成立つ先生の人間像は、私自身の感じからいうと、東洋的なものと西洋的なものの、均衡ある調和によって支えられていたとでもいいたい。すでに述べたごとく、先生が例外的に長く外国におられた結果として、日本人にはまれにしか見られない合理性が生活態度、研究態度の中にしみこんでいたように感ぜられる。先生が疲れを知らぬエネルギッシュな人であったことも、西洋的なものを感ぜしめた。しかしその反面、清濁あわせ呑むとか、春風駘蕩（たいとう）とかいう東洋的な形容詞が、先生の場合はピッタリあてはまるのである。

先生は終生ボーア博士に傾倒しておられた。私は今までに、現存の世界の第一流の物理学者のほとんど全部に会う機会を持ち得た。その中でアインシュタイン博士とボーア博士の二人には、何か科学者という概念では包みきれないあるものを感じた。私どもがきわめて漠然と東洋的といっているところのもの、叡智（えいち）とかウィズドムとかいっているところのものが感ぜられた。ここには年齢という問題もあるであろう。こちらの側の尊敬の気持というものも幾分か影響しているであろう。しかしそれらが全部でないことは確かである。私は仁科先生の若い時分のことは、何も知らない。私のいい得ることは、先生が私淑しておられたボーア博士と幾分か共通するところのものが、先生の中に見出されたということだけである。

（昭和二十六年、ニューヨークにて）

よき友、よきライバル

朝永振一郎さんと初めてお目にかかったのは高等学校時代だった。体はあまり丈夫でなかったが、実に明りょうで緻密な頭脳の持ち主だと直感した。以来、彼が今回他界されるまで実に五十年以上、同じ素粒子論の道をともに歩んできたのも思えば深い因縁である。京都大学の物理学科にも同時に入学し、三年生になって、同じく玉城嘉十郎先生のご指導を仰いだ。

当時は量子力学のぼっ興期でヨーロッパ、特にドイツおよびその周辺の国々からは若手の学者の新しい論文が次々と出てくるので、私たちはそれらの論文を読むのにどんなに時間があっても足りない状態だった。日本の新進の学者が外国から帰って次々と新しい学説を紹介してくれるし、外国の学者も次々と日本を訪問して講演をしてくれた。

そういう状態であったから、二人とも新理論の勉強に追われがちだった。昭和四年には京大を卒業し副手という資格で二人とも同じ部屋で勉強を続けていたが、昭和六年に仁科芳雄先生が講義に来られたのが縁となって朝永さんは東京の理化学研究所の仁科研究室の一員となられ、翌年には私も新しくできた大阪大学へ移ることになった。そんな訳で二人は別れ別れになったが、私はたびたび仁科先生の研究室を訪れ、朝永さんとの学問上の連絡は絶えなかった。そして、会うごとに専門の話をするのが、私たちにとって非常に有益な刺激となり、また楽しみでもあった。親しい友人であるが同じ方面の研究をしていることが、両者のどちらにも強いライバル意識を与える結果となったが、これが二人にとって大きな刺激にもなった。

私が中間子論を発表したのは昭和九年のことであるが、朝永さんにその話をすると大いに興味を持ち、計算方法を改良して〝中間結合〟の方法というのを考え出した。私が量子力学の延長線にある〝場の理論〟における無限大の困難にあきたらず、一挙にこれを除去しようと悪戦苦闘していると、朝永さんはそれに基づいて、それを改良した〝超多時間理論〟を案出した。私はそれに大いに感心した。

やがて、この発想から出発した〝くり込み理論〟が量子電磁力学の改善に大いに貢献し、ひいてはそれが朝永さんのノーベル賞受賞の対象ともなった訳であるが、研究が戦争中に行われていたせいもあって、外国に知られるのがずっと遅れた。私は一日も早く、朝永さんや坂田昌一さん（故人、名古屋大教授）などの戦時中の重要な研究を諸外国に知らせたいと思って終戦後間もなく〝プログレス〟という雑誌を創刊した。実は戦争中も私たちは若手研究者を相手に中間子討論会を続け、それが戦後に続々、有能な理論を輩出した一因ともなった。その中でも朝永さんは有力な指導者の一人であった。

そんな訳で二人はいつも同じ研究の道を歩み続けてきたが、私がアメリカでプリンストン研究所からコロンビア大学に移ったときにも、プリンストン研究所の後任として朝永さんを推薦した次第である。私がアメリカから帰ってきて京都大学の基礎物理学研究所の所長となるに際しても、その運営に大いに力になってくれた。しかし彼は間もなく推されて東京教育大学の学長となり、学問研究以外にも時間をさかねばならぬことになった。これは彼にとって真に望むところではなかったのではないか。彼は本当に純粋で、まじめな学徒で後進の養成にも熱心であった。東京大学に原子核研究所ができるに際しても、地元の説得などに努力を惜しまなかったが、これも彼にとっては重荷だったのではないか。

彼は生来、地味な研究を好んでいたので、彼の業績も一見はなばなしくはなかったが、学者としての実力は確かな、危なげのないものがあった。

彼が東京に、私が京都に定住するようになってから交友はやや疎遠になったが、いつも心は通っていた。昭和三十年に有名なラッセル・アインシュタイン宣言が出てきて、私もその最初の署名者の一人となったが、その趣旨は戦争の廃絶と核兵器の全廃にあり、そのために科学者が努力しようという呼びかけであった。これに応じて米ソ両陣営の科学者をはじめ、日本その他からも賛同者が何人も現われた。朝永さんもその一人で、第一回のパグウォッシュ会議が一九五七年にカナダで開かれた際にも率先してそれに出席してくれた。そんな訳で、ひとり物理学の研究だけでなしに、平和運動でも、その後ずっと二人は同じ道を歩むことになった。思えば実に深い深い因縁である。

一九七五年、京都でパグウォッシュ国際シンポジウムが行われた際には、その直前に手術を受けた私は、車イスで開会式だけにやっと出席するという状態だったが、朝永さんは豊田利幸さん（名古屋大教授）などとともにあとを引き受けて成功裏にシンポジウムを終えることができた。

私が大病をしてから以後は、いろいろな用事を今までより以上に朝永さんが引き受けねばならぬことになったようであるが、彼は、それをいちいち引き受けていたらしい。

彼は若いころから体の丈夫な方ではなく、京都でいっしょだったころは、よく病気で休んだりしていた。それが東京へ行かれてからは、大分元気になり、私よりもかえって体がしっかりしてこられたようであった。それで私も彼の健康のことはあまり心配しなくなっていた。ところが最近になって食道ガン、コウトウガンを併発されたと聞いてびっくりした。

しかし、手術の経過は順調で、最近退院されたと聞いてひと安心していたところであった。それが今回急変して、亡くなることになったのは、思いがけないことで、かえすがえすも残念である。

思えば朝永さんは私にとって最も永いつきあいであり、彼の急せいは世界の物理学界にとって、かけがえのない損失であるばかりでなく、私自身にとっては何ものにもかえがたい損失である。

ここに心から彼のごめい福をお祈りするしだいである。

（昭和五十四年七月九日付読売新聞夕刊から）

第2章　人生の道のり——思い出すことども

自己発見

人間はどうしたら創造的に生きられるのか、生き続けられるのか。私は自分に向って、こういう問いかけを、長年にわたって繰返してきた。この問いかけが始まったのは高校生のころからだったが、それに対して何ほどかの自信をもって答えられるようになったのは、自分の能力や仕事に対する客観的な評価が、ある程度できるようになってからである。それより、さらに後になると、創造的に生きるということを、自分だけでなく、他の人々にも共通する問題として考えるようになってきた。

しかし、今になってふりかえってみると、もっと前から、私の心の奥で、もう少しちがった形での自問自答がなされていたように思われる。それは中学生のころまでさかのぼれる。最初の問いかけは「自分はいったい何者であるか。自分はいったい何をして生きてゆくべきか」というような形であった。それから今日までの間に、五十年の歳月が経過した。五十年前の私と今の私の間には、多くの点で、ひじょうに大きな隔たりがある。しかし、創造的に生き続けたい、そしてそのために、自分が何者であるか、自分の中にどのような可能性が潜んでいるか、何をして生きてゆくべきかを問い続けている、という点において、不変なるものの持続が確認できるのである。

別の言葉でいうなら、自己を発見することから始まって、次にはまた、もっと違った自己を発見する、さらに後になってまた新しい自己を発見する。そういう発見ないし再発見を繰返すことが、前進でもあり、それが創造的に生き続けることを可能にしている。そういってもよいであろう。

私にとっての最初の明確な自己発見は、自分が孤独な人間だと強く感じたこと、そのことであった。それは中学の一年生の時のことである。

夏休みに学校から、三週間ほど海水浴に行った。百人たらずの生徒が、先生に引率されて、三重県の津市まで汽車に乗って行った。その中に私もまじっていた。市中の大きな寺の本堂に合宿して、毎日海岸まで歩いてゆくことになっていた。

着いた日の午後、「君たちの中の仲よし同士が、二人ずつ組をこしらえておきなさい」と、先生からいわれた。というのは、夜になると、蚊がでるので、かやをつる。その中には、敷きぶとんを二枚か三枚ならべてあり、一枚に二人ずつ寝ることになっていた。当時は男女共学ではなかったから男の子ばかりである。それで、夕方までに自分のパートナーを見つけておけ、というわけである。

友だちはみな、どんどん相手をきめていっているらしいのに、私だけは誰にもいいだしそびれていた。また、誰も私に声をかけてこない。そうこうするうちに、夕方になってしまった。不幸にして生徒の数は奇数だった。ふとんを敷きだしたが、私の行き場はない。その時の何ともいえない悲しい気持が、今日まで消えずに、私の心の奥に残っている。

先生は、はんぱになった私のために、一人だけの幅の狭いふとんをもってこさせて、他の二組の生徒と一緒のかやの中へおさめてくれた。

この小さな出来事が、あとになって考えてみると、その後の私の考え方、生き方に、相当な影響を及ぼし続けているように思われる。

父母、姉二人、兄二人、弟二人のほかに、祖父が一人、祖母が二人もいる、大家族の中で育った。家も広かった。そういう私にとっては、家と庭とが、ほとんど自己完結的な小世界であった。それでも小学校時代には、友だちともよく遊んだ。それが先ほどの出来事があって以後は、学校から帰ると、家から外へでないで、いろいろな本を読むことで、おおかたの時間をすごしてしまうようになった。

もともとあった内向的な傾向が、急速に強くなっていった。自分とうまくつながらない外の世界、その中で孤独になった自分にいったい何ができるのか。この世の中でいったい何をして生きていったらよいのか。そんなことをだんだんと深く考えるようになっていった。小説なども、いろいろ読んでみた。文学の世界には確かに魅力があった。しかし、そこにも大人の世界のさまざまなわずらわしさが入りこんでいる。童話の世界のほうが、その点ではもっとよかった。

ちょうどそのころ、童話・童謡の雑誌「赤い鳥」が出だしたりしていた。それで一時は、童話作家になれたらいいだろうなどと思った。そうは思ってみても、そのころの私にとっては作文が大変な苦手であったから、作家になるなどとは、自分の適性に反した夢にすぎないと思いかえさざるを得なかった。

この夢があえなく消えた後、私の関心は文学書よりも哲学的な書物のほうに移っていった。それは中学の後半から高校の前半の三、四年間のことであった。しかし、文学少年が哲学青年になるのは、別に珍しいことではない。ここまできても、私はまだ自分が何者であるか、何者になりうるかについて、自信のある判断ができずにいた。ただ自分は結局、学者になるしかない、それも世間との交渉のできるだけ少ないような学問の分野に入ってゆくしかない、とは思い続けていた。

ところが、高校時代の後半になってから、私の興味は急に物理学にしぼられだした。それはひとつには当時、科学の先進地域であったヨーロッパで、物理学が激動の時代を迎えつつあることを知ったからであった。そこには、未知の世界が大きく開かれていた。数年後に自分が研究者として、この世界に入っていったら、何かができるのではないか。自分の適性もそれに向いているという、多少の自信もできつつあった。それよりも何よりも、物理学を研究するのは大いにロマンチックなことだ、と思ったのである。この気持は今もなお変らない。

この自己発見は、私からいろいろな迷いを追いはらってしまった。大学へ入ってからの私の気持は安定していた。孤独な人間であるという気持自身が、自分の選んだ道を一人で歩くのだという青年期の気負いに変りつつあった。ただし、まだ何事をも成就していなかった私には、「ついに無才無能にして、この一筋につながる」という芭蕉の言葉が、絶えず励ましとなっていたのである。

物理学の研究をロマンチックだと思い続けることは、私にとって創造的に生き続けることでもあるはずだった。しかし、毎日繰返される研究生活の中で、創造への飛躍といえるような出来事は、滅多に訪れなかった。

今日(きょう)もまた空しかりしと橋の上に
きて立ちどまり落つる日を見る

何日たっても何ヵ月たっても、ちっとも先へ進めない。今まで、これこそ自分の見つけた新しい真理だと思いこんできたことに対しても、疑惑が頭をもたげたりする。そういうことを繰返し経験しながら、ある一つの考えに執着し続ける。いったい何のためか。そこには確かに、ある期間内に何か業績をあげなければならない、というあせりもあった。特定もしくは不特定の相手との競争意識もあった。しかし、それらは一人の人を長期にわたって、この一筋につなげる原動力とはなりえなかった。

私の中にあって、何十年にもわたって、私を動かし続けているのは、未知の世界へのあこがれである。私にとって、それは美しい世界であると期待されている。物理学者でない人たちにとっては、それは別に美しいとは思えぬ世界であるかも知れない。そしてまた、他の多くの物理学者にとっては、美しいかどうかなど、どうでもよいことかも知れない。真実でありさえすればよいのかも知れない。実験と一致しさえすればよいのかも知れない。

そもそも何が美しいのか。科学の世界においては、はっきりしたきめ手はない。比較的少数の単純な、そして普遍性をもつ法則によって規定される世界、という以上の的確な表現はないかも知れない。しかし、そんなら、科学以外の世界では、美の定義ははっきりしているのか。どうもそうではないらしい。芸術の場合において決定的なことは、それぞれのジャンルにおける、美に対する感受性があるかないかである。科学のいろいろな分野の中でも、理論物理学や数学などでは、やはり一種の美的感受性が無視できないのではないか。

もちろん数学の場合には、論理的整合性という条件が満たされていなければ、話にならない。さらに理論物理学ともなれば、事実の世界との一致ないし密接な対応が決定的な条件になる。それらは、どちらも実に厳しい条件である。むしろ、そういう厳しい条件を満たそうとする人間の持続的な努力の結果として、たまさかに創りだされるものであるが故にこそ、新鮮な、そして鋭い美しさがそこに見出されるのであろう。

それはたとえば、童話の世界のような「甘美」と形容される美しさとは、確かに異質的な性格をもっているように見える。しかし童話の作家が傑作を生みだすには、やはり天分だけでなく、大きな努力も必要であろう。それに何よりも、童心がないといけないであろう。童心という中には、みずみずしい好奇心や空想力が含まれている。それらは科学者には不必要なものだと思われているかも知れない。有害であるとさえ思われているかも知れない。しかし私は、そういうことにかかわらず、いつまでも童心を失わずにいたい、と思っている。

そして近ごろは、物理学の研究をロマンチックだといつまでも思い続けていること自体が、童心のなせるわざであるとさえ思えてくるのである。それは中学生のころ、気まぐれにもせよ、童話作家になりたいと思ったことと無関係でないのではないか。こんな奇妙な想念が、このごろしきりに頭に浮ぶのである。

（昭和四十七年）

きんもくせい

『徒然草』に次のような一段がある。

「あやしの竹の編戸(あみど)のうちより、いと若き男の、月影に色あひさだかならねど、つややかなる狩衣(かりぎぬ)に、濃き指貫(さしぬき)、いと故づきたるさまにて、ささやかなる童ひとりを具して、はるかなる田の中の細道を、稲葉の露にそぼちつつ分けゆくほど、笛をえならず吹きすさびたる……」

と読んでゆくうちに、美しい光景があざやかに、目に浮んでくる。笛の音が耳もとに、ひびいてくるようにさえ感じられる。しかし兼好法師の理想の美の世界は、形や色や音だけでは完結しない。

このあとへ

「……笛を吹きやみて、山のきはの惣門のあるうちに入りぬ。……御堂(みどう)の方(かた)に法師ども参りたり、夜寒の風に誘はれくる、そらだきものの匂ひも、身にしむ心地す。寝殿より御堂の廊に通ふ女房の追風用意など、人目なき山里ともいはず、心づかひしたり。……」

と文章がつづく。そこに、えもいわれぬ「におい」がただよわなければ、完全な美の世界にならないのであった。

別のところで、彼は

「人の気色も、夜の火影ぞ、よきはよく、物言ひたる声も、暗くて聞きたる、用意ある、心にくし。匂ひも、ものの音も、ただ夜ぞ、ひときはめでたき。」

とも書いている。

彼が生きていた時代から今日までの間に、六百年以上の歳月がたっている。「におい」が私たちの生活の中で占める地位は、兼好法師の時代よりも、はるかに軽くなっている。それと同時に、「におい」に対する感受性も、ずいぶん衰えたように思われる。部屋の照明がどんどん明るくなり、いつでも楽しい音楽の聞ける現代人の生活の中で、「におい」がもはや重要な要素でなくなったのは、当然といえば当然である。私自身にも「におい」に対して不感症になってゆく傾向が認められる。

しかしその反面、嗅覚が私たちに思いがけない、そして他の感覚で代置できない作用をする場合があることも否定できない。何かある「におい」をかいだ瞬間に、すっかり忘れていた記憶が、生き生きとよみがえってくることがある。しかも、それに伴って、何ともいえない楽しい気持になる場合がある。その「におい」が消えてしまうと、それによって、よみがえらされた記憶もふたたび忘却の淵に沈んでしまう。もっと長く、ひたっていたいと思っていた楽しいムードも、たちまち、どこかへ飛んで行ってしまう。残念だが、とりかえしようがない。その「におい」が何であったかさえも、もはや思い出せないことが多いからである。偶然また、その「におい」のする機会が訪れるのを待つよりほかないのが通例である。

ところが、幸いにして、これにも少数の例外がある。私の今住んでいる家の庭に、きんもくせいがある。秋になって——多分、秋だと思うが、ひょっとしたら春先かも知れぬ——橙(だいだい)色の花が咲くころ、ガラス戸を開けると、きんもくせいの香がただよってくる。すると急に、なつかしい思い出がよみがえってくる。私が子供のころに住んでいた家にも、きんもくせいがあった。母はその香が好きだったらしい。庭へおりて、きんもくせいのそばに、黙って立っていることがあった。母も自分の小さい時のことを、なつかしく思い出していたのかも知れない。

話は変るが、嗅覚は味覚と密接な関係を持っている。両者の区別がつかぬ場合さえある。熱帯に住む人たちの食べものには、強い「におい」がついている。それにくらべると、日本人の味覚はデリケートである。食べものが「におい」を持っている場合でも、浅草海苔のような、ほのかな香を好む。アユは日本人に最も好かれる魚である。中国では「香魚」と書かれてきたが、私たちが食べるアユに果して「におい」があるのかどうか、私にはわからない。茶やコーヒーや酒の「ニオイ」を賞でるのは、万国共通の現象であろう。

それは、ともかくとして、科学文明の発達によって、人間の感覚器官は大いに補強された。望遠鏡や顕微鏡は、肉眼では見えなかったものまで見えるようにしてくれた。近眼鏡や老眼鏡は衰えた眼の働きを救援してくれた。補聴器というようなものもできてきた。しかし強化されたのは主として視覚と聴覚であった。それは光や音が科学の対象として、研究しやすかったからでもあった。そのほかの感覚は、特に強化されたとは言えない。嗅覚にいたっては、文明の発達に伴って、かえって衰えたのではないかとさえ思われる。しかし、将来のことまで考えると、これが唯一かつ必然的な傾向だとは断定できない。「におい」もまた、明らかに科学の研究対象である。この方面の研究がもっと進めば、私たちの生活に、新しい喜びと豊かさをあたえてくれるようになるかも知れない。

ただし、文明人の嗅覚が衰えすぎないうちに、そうならないと、手おくれになるおそれがある。

（昭和三十八年）

大文字

大学への往復の路のほとりのむくげの花は梅雨時になると散りはじめる。ぬかるむ路に花びらが落ちつくして、むくげの孤木がもとの淋しい姿になるとやがて暑い京都の夏がやってくる。戦争中とだえていた大文字の火が、ふたたび夜空に輝くのを見たのはいつであったか。私の記憶は確かでないが、多分やはり終戦の翌年であったろう。当時の私の家からは、大文字がよく見えた。もっと間近くに妙法の火も見えた。なき人の魂を送る火を見ながら、私はしきりに末の弟滋樹（ますき）のことを思い出していた。

五人の兄弟のなかで彼だけが学者にならなかった。九州の炭鉱の事務所に務めているうちに召集された。背が高かったので輜重兵（しちょうへい）ということにはなったが、身体が丈夫でなかったせいもあって、病気の馬の世話をする役にまわされた。大陸のどこかにいることだけはわかっていたが、詳しい消息は伝わってこなかった。戦争が終っても音沙汰がなかった。私たちは彼がまだ生きているという希望をもっていた。東京駅で汽車を降りると、復員の兵士の列に度々出くわした。その度ごとに私は、もしやその中に弟がいるかと思って隊伍に沿って歩いたりした。それから間もなく彼が戦病死したという通知がきた。湖南省の病院で弟とベッドを並べていたという人から弟の死の様子を聞かされた。かわいそうな弟、まるで兄弟の不運を一人でせおいこんでしまったような弟。大文字の火は見る見るうちに消えていったが、私はいつまでも弟のことを想い続けていた。

私が小学校の五、六年のころ、次の弟も小学生になっていたので、広い家の中には、末の弟がひとり残されていた。学校から帰ってきた私は、お寺の門のような屋根のついた門を入って、庭を斜に横ぎって内玄関の格子戸を開ける。私を待ち受けている弟が奥から走り出てきて、内玄関の障子を開ける。その時の嬉しそうな顔、あどけない姿が、今も目に浮ぶ。時々、私は格子戸を入ると、大急ぎで台所のほうに行く。障子を開けた弟は、私の姿が見えないので、台所の上り口のほうにまわる。その間に私は内玄関に引き返す。弟はとまどった末、とうとう私を見つけて安心する。

そんなこともあったので、末の弟が大きくなっても、私にはいつまでも子供のように思えた。実際にまた子供のような純真さを、いつまでも失っていなかった。召集される一、二年前、弟が九州におった時、私は九州大学へ講義に行った。待ち受けていた弟は、私を太宰府に案内してくれた。天満宮の梅林にはまだ花が咲いていなかった。

冷たい風が吹き渡っていた。茶店で梅が枝餅というのを食べながら、弟は次から次へと文学の話をした。炭鉱の事務所では、そういう話をする相手がなかったのであろう。京大の法学部を出たのだけれども、本当は文学のほうを勉強したかったのではなかろうか。そういう意味でも、不運であった。天満宮の社殿の前の白梅が一輪の花をつけていた。今にも社殿の奥から道真公が、それを見に出てきそうな気がした。彼は不運な人であった。自分の不運を歎き続けた。もう一度、京都に帰りたい、とひたすら願いながら、この世を去った。後世の人は彼に同情した。そして彼の生前の京都の住居に似た社殿を造ってあげたのではないか。太宰府の天満宮にせよ、京都の北野の天満宮にせよ、私はそこを訪れるごとに、いつもそんな気がするのである。

私の連想は寺子屋の芝居で松王丸が弟の桜丸を思い出す場面へと飛ぶ。何度も見ているが、以前は弟の死にかこつけて、本心は息子の小太郎の死を歎いているのだと思ったりしていた。しかし度々見ているうちに、どうもそればかりではないと感じるようになってきた。そして、この場面になると、私も自然と末の弟のことを思いだすようになってきた。

弟が三十になるやならずで、この世を去ってから、三十年以上の歳月が経過した。しかし私の心の中には、いつまでも彼の幼年期かあるいは青年期の姿が定着している。私がいくつになっても彼は年をとらない。大文字の火がともるごとに、その姿がよみがえる。太宰府へも、その後何度も訪れたが、その度に彼を思いだすのである。

（昭和五十年）

一つの宿題

私が京都一中に在学していたのは、大正八年から十二年で、下鴨の現在の校舎に移転する少し前である。日本じゅうでも最も古い中学の一つに数えられるだけあって、当時の吉田の建物は古びているのを通りこして危険をさえ感ぜしめた。雨天体操場のごときは太い木でつっかい棒をすることによって、かろうじて倒壊を免れていた。椅子つき机のこわれているのなど珍しくなかった。不心得な生徒が、さらにそれを砕いてストーブにくべて、停学になったこともある。しかし、生徒たちはこの朽ちかけた校舎で学ぶことに大きな誇りを持っていた。それは単に長い伝統を誇っていたのではなかった。一中の校風が他にくらべて、極めて進歩的なものであったからでもある。

もちろん当時の日本の状態は、今日の平和的文化国家の理想からは遠いものであった。一中といえども、花は桜木、人は武士で始まる旧校歌で象徴される勤倹尚武的要素をも、幾分か残していたことは否定できない。しかし私の在学当時に、この校歌が

「比叡の峰にあかねさす」に始まる現在の校歌に変ったことからも明らかのように、世間一般の風潮にくらべて、また他の中学校の校風にくらべて、一中がはるかに生徒の「自由」を尊重し、日本の平和的文化的発展を理想としていたことは確かである。これは一つには当時の校長森外三郎先生が、極めて自由主義的な人であったことにもよるであろう。始業式、終業式その他のいろいろな式に際しても、諸君はしっかり勉強しなければならぬ、という意味のことを一言二言いわれるだけで、細かな訓戒めいた言葉等は全く聞かれなかった。それが教育者としての唯一の行き方ではなく、また親切なやり方でもなかったかも知れぬが、私どもは、無口ではあるが聡明さと温情の十分感得される森校長に対して、大いなる尊敬の念を抱かざるを得なかったのである。

私どもの一中在学当時、三高では職員の大量首切に端を発する金子校長の排斥運動があり、森校長がその後を受けて校長に転任された。私も引続いて三高へ入ることとなった。由来三高は「自由」を旗じるしとしている上に、校長にその人を得たことは、私どもにとって大きな幸運であった。他の中学校から入って来た生徒たちの中には、束縛から余りにも急激に解放された結果として、放縦に流れるものも少なくはなかった。私どもはしかし、一中と三高との間に大した違いを見出さなかった。人生における大切な七年間を、自由の精神によって培われてきたことは、私の一生にとってこの上もなく有難いことであったと思っている。特に私のごとく科学を志す者にとって、自由なる思考が生命であることを思えば、なおさらこの感を深くするのである。人間が創造的な活動をなし得るのは、人間に大なる自由が与えられているからであると考えられる。

ところが、この自由が一体どこから出てきたものかを深く反省してゆくと、だんだんとまたわからなくなってくる。実際私自身も同じ中学時代に、自由の正反対である宿命観に取りつかれていたことがある。それにつけて思い出されるのは、三年生か四年生のころ生物の時間に、進化論の初歩的な解説を先生から教わったことである。その時はどうもよくわからなかった。家へ帰ってからも気になるので、一隅に竹の群立があり、反対側に鶏小屋のある庭を歩きまわりながら、繰返し考え直して見たが、やはり納得が行かなかった。詳しい内容は忘れてしまったが、庭を歩いた記憶は不思議に今でもはっきりと頭の中に残っている。ラマルクの用不用説やダーウィンの自然淘汰の考えを中学程度の頭で理解しようとするのが、そもそも無理であったかも知れない。その中でも生物の進化の原因が、それぞれの器官をしばしば使用するかどうかにあるというラマルク説の方は、比較的素直に納得できたが、先生は獲得形質は遺伝しないから、この説はだめだといわれた。これにくらべて、ダーウィンの説の方がよいと先生はいわれるのだが、私にはこの方がずっとわかりにくかった。その理由をはっきり思いだすことができないが、今になって推量して見ると、自然現象を分析して一つ一つの出来事を取りだした場合に、当然因果的必然性があると考えることと、生物のある種類の全体に対して進化という合目的的とも見える現象が起ることとが、どうしても矛盾すると、子供心に思ったらしい。その証拠に当時の私は、いろいろな文学などに現われる宿命観に魅力を感じ、その中に甘い感傷的な喜びを見出していたという記憶があるのである。しかしまた一方では、二〇世紀初頭に現われた突然変異の説に大きな魅力を感じたように思う。

それから二十数年が経過した。物理学に志した私は、その後生物学を勉強する機会がなかった。そしていつの間にか宿命論から脱却して、反対に人間の創造的な能力に対する半ば無意識的な信頼を持つようになっていた。しかしこの数年来、時々少年時代の宿命観の追憶がよみがえって来ることがある。科学が進歩するということは、もちろん人間が自然に関する確実な知識を、より多く持つことを意味する。さまざまな自然現象の間の因果的な関連が、より明白になることを意味する。この知識が、人間が自然に働きかけるのに極めて有効であることはいうまでもない。科学の進歩が人間の能力を増大せしめたことは確かであり、その限りにおいて私どもを宿命論と反対の方向に導くように見える。

しかし私どもは、この誰の目にも明らかな流れの底に、これと相反する方向に動く流れがあることをも見逃し得ないのである。人間の外なる自然が因果の法則に支配されているだけではないのである。自然は人間の身体の中にまでも続いているのである。あらゆる生物の身体を構成する物質は微生物を構成する物質と別なものではない。地上に見出される九十二種類の元素以上の何物も含まれてはいないのである。その構造がどんなに複雑であるにせよ、その各部分の機能を決定しているのは、やはり無生物の世界を支配する物理的化学的法則であると考えられる。あらゆる自然現象が因果的な関連におかれている以上、人間自身もそれから脱却することは不可能ではなかろうか。人間が自然を征服すると自負して見ても、実は自己と環境とを含む全体の動きは、因果の法則によって初めからきまってしまっているのではなかろうか。それは、もはや創造的な活動とはいえないのではなかろうか。科学は終局においては、かえって私どもを宿命論に導くほかないのではないか。

このような疑問は別に目新しいものではないが、これに対する答えは人によって随分違うであろう。恐らく相当程度に知能の発達した人なら、意識的または半ば無意識的にこの種の疑問を持ち、そしてそれぞれ何等かの形である一応の解決に到達しているに違いないのである。ある人は人間の自由意志を主観的な感情と片付けることによって、宿命論を素直に受入れるであろう。多くの科学者の考えは、恐らくこれに近いのではなかろうか。私が中学時代に宿命論を喜び、進化論をなかなか理解できなかったのも、当然であったかも知れない。自然淘汰というような考えの中に見出される、自然現象の統計的な把握は、中学生には無理であったに違いない。こういっても、もちろん宿命論と進化論とが矛盾していたという意味ではない。一九世紀の物理学は、その基本法則としての力学的な因果律を認めつつ、その上にいわゆる統計力学を建設し得たのである。気体の温度や圧力や体積に関する諸法則を、それを構成する無数の分子の運動の統計的な平均として演繹することができたのである。自然淘汰もまた、個々の生物体に関する因果的変化の統計的集積の結果と解釈して差しつかえなかったのである。

二〇世紀の物理学は、その探究の手を原子ないしその内部にまでのばすことによって、作用量子の存在という根本的事実およびこれと関連する自然法則の本質的な統計性をさぐりあてたのである。自然の法則性の意味も、自ら変化せざるを得なくなったのである。私どもが、今まで熟知していた多くの自然現象の因果必然性は、かえって本来統計性を持った根本法則の統計的平均ないしは一つの極限と解されることになったのである。この新しい知識は、宿命論に果してどんな影響を及ぼし得るであろうか。多くの科学者は自然がその法則性の中に、必然と偶然の共存を許しているという事態と、自由意志の問題との間には何等の関連もないと主張するであろう。しかし、もしも自由意志の意識に、何等かの客観的な根拠があるとするならば、それは結局、自然自身の本性の中に求めるべきものではなかろうか。もとより両者の関連は極めて複雑であり、かつ間接的なものであろう。今日の科学は、まだそれを明らかにする段階に到達していないかも知れない。人々は静かに科学の進展が明確な解決を与える日を待つほかないかも知れない。しかし私は二十余年来の宿題に対して、一応の答案を作成せずにおられないのである。それは「自然が自らの中から生まれた人間にある狭い範囲内の自由な活動を許し、それによって自然自身が創造的な発展をとげることと、人間が自然の法則性を理解することによってその力を利用し、それによって人間自身が創造的な発展をとげることとが、たがいに表裏一体をなしている」というのである。これがいまのところ、私の精一ぱいの答えである。それは余りにも漠然としているといわれるかも知れない。科学がもっと進歩すれば、もっとはっきりした解答が自ら与えられるであろう。

（昭和二十二年）

六十の手習い

今年の中に兄が還暦を迎えると聞いて、三つ違いの弟の私は「六十の手習い」という言葉を思い出した。それはもはや人ごとではなくなってきた。「人生は短く芸術は長い」といわれてきた。芸術にせよ、学問にせよ、長いものであることに、私は異議を持っていない。しかし「人生は短い」といういい方は、私の実感とあわない。

あわない理由の一つは、私が物理学の研究という道をえらんだことにある。大学卒業以後だけを数えても、かれこれ三十五年になる。その間に物理学はどんどん変わっていった。私には生まれつき、あまのじゃくなところがあるから、多数派と違った考え方をするのが好きである。また人が手をつけていない問題や、回避している問題を相手にするのが好きである。なかなか問題が解けないという苦しみ自身を楽しむ傾向がある。

しかし私が自分流の学問をやっている間に、周囲の世界は、どんどん変わってゆく。

物理学が本質的に変わったかどうかは別として、多くの物理学者の使う道具と言葉が、この三十数年間に何度も変わったことは事実である。道具の方では、何といっても加速器がつぎつぎと巨大化してきたのが、最も目につく変化である。しかし私は直接加速器を使う立場にない。そこから出てくる新しい情報を利用すればよいのだから、多少は気が楽である。言葉の変化に対しては、そうはいかない。私たち理論物理学者の使う言葉の中には、数学の言葉――つまり数式と数学的概念が、非常にたくさんはいってくる。というよりも、むしろその方が主要部分になっている。ところが最近になって、多くの若い物理学者の使う数学が、以前とは非常に違ってきた。

たとえていえば、こちらは相変わらず日本語を使っているのに、周囲の人たちのだんだん多くが、英語を使うようになり、さらに英語もやめて、フランス語かロシア語を使うようになった、というようなものである。いかにあまのじゃくの私でも、知らん顔はできない。事態はこのたとえよりも、実はもっと深刻であるかも知れないのである。普通の言葉の場合には、日本語であろうと英語であろうと、おたがいに翻訳ができる。何語で表現されていようと、本質的な内容に変わりはないと割り切ることもできよう。数学の言葉の場合には、そんな風に割り切れるかどうかが問題である。

古い例をあげると、ニュートンは自分の考えだした力学を正確に表現し、発展さすための数学の言葉として、微積分を発明した。後の物理学者は、微積分を知らずには物理は学べないことになった。それどころか、後になるほどますますむつかしい数学を使いこなすことが必要になってきた。そういう意味では、昔の物理学者の使った数学の言葉と今日の物理学者の使うそれとの違いはこどもの言葉と大人の言葉の違いに似ている点がある。ところが、一概にそうとはいい切れない節もある。現代数学の言葉が使われていて、一見むつかしそうに見える表現の物理的内容と同じことを、もっとなじみの深い数学の言葉で書ける場合も少なくない。今から四十年ほど前、量子力学が出現した時、ある一派の学者は「行列」という物理学者にとって見なれぬ数学を使ったので、他の学者は面食らった。しかし間もなく、同じ内容を微分方程式としてでも書けることがわかった。

そこで私がどうしても知りたいと思うようになったことは、若い理論物理学者の多くがむつかしい現代数学の言葉を使ってやっていることの物理的内容に、果して私たちが使いなれてきた数学の言葉には、どうしても翻訳できないような本質的に新しいものが含まれているかどうかであった。それを知るためには、どうしても「六十の手習い」が必要となった。私より若い中年の物理学者の中にも、私と似た気持の人も何人かありそうに思われた。実際その中の一人が、大人の学校を開こうと提案した。私も直ぐ賛成した。そして三十歳台の研究者に四日間びっしりと講義してもらった。生徒の多くは四十歳以上で、あちらこちらの大学の教授をしている人たちであった。生徒は予想以上に多く集まり六十人を越えた。私も久しぶりで生徒になって、できるだけ虚心坦懐に講義を傾聴したつもりである。大いにくたびれたが、多少は若がえったような感じがした。

私のように理論物理学をやっている者にとっては、人生は短くないのである。三十年以上にわたる研究生活の間における学問の進歩あるいは変化は、大変なものである。最も長い間に徐々に蓄積してきた知識経験の上に安住するわけには、とてもいかない。最も大きな抵抗を感じるようなものの中に、新しい真理が含まれているかも知れないのである。「人生は重荷を負うて遠き路を行くが如し」という諺以上である。古い荷物を捨て切れない上へ、新しい荷物を背負いこまなければならないのである。ますます重くなってゆく荷物を背負って歩きつづける苦しみそのものを、楽しみと思うほどには私は悟っていない。だから人生は短くないと感じるのであろう。

（昭和三十九年一月）

下鴨の森と私

　下鴨の森の思い出は、私の小学校時代にまでさかのぼる。寺町今出川にある京極小学校では、夏休みになると早起き会が始まる。一年生になった私は、八月一日からの一ヵ月間、毎朝暗いうちに家を出て、下鴨の森を南から北へ歩く。頭の上を高くおおう両側の木立のとぎれたところに朱ぬりの鳥居がある。その前に細長い机がおかれていて、二、三人の先生が腰かけておられる。ようやく、ここまで辿りついてほっとした私は、一枚のまるい紙ふだをもらう。その大きさや紙の厚みは、当時はやっていたメンコにそっくりである。そこには、いま目の前にある朱ぬりの鳥居と緑の木立とが描かれている。私はそれをもって、またひとりで家に引きかえす。夏休みの宿題帖の表紙の裏にこのまるい紙ふだをはりつける。三十一日間、毎日毎日それを繰りかえしていると、表紙の裏の空白が少なくなってゆく。三十一日間、一回も休まずに下鴨の森まで往復した。早起き会が何年つづいたのか、はっきり憶えていない。しかし今でも鳥居の前までくると紙ふだの絵の記憶がよみがえってくる。

その次の思い出は私の高等学校時代まで飛ぶ。そのころ下鴨の森の西側に移り住んだのである。そこは昔からの下鴨神社の社家町(しゃけまち)であった。両側に土塀のある大きな家が並んでいた。私たちが住んでいたのも、そういう古い家のひとつであったが、私はそこの屋根裏に、どこから入ったらいいのかわからない天井の低い部屋を見つけた。好奇心をそそられて梯子をかけてのぞいたりするうちに、二階からの通路がわかった。時々この暗い部屋の中をはいまわっては、ささやかな冒険心を満足させていた。この家にいたころは近いので、しじゅう下鴨の森をひとりで散歩した。

しかし、ここに居た期間は、あまり長くなかった。大学時代には塔之段に引っこししていた。結婚してからは、大阪や阪神間で暮すことになった。昭和九年の室戸台風が京阪神地方を襲ったのは、その間のことである。そのあと、しばらくして下鴨の森を訪れた私は、変りはてた姿に呆然とした。もう以前の昼でも暗い鬱蒼たる老樹の群立は、私の記憶の中にしか存在しないことになったのである。

それからまた四十年に近い歳月が過ぎた。前に住んでいた家は、広い電車路の開通の結果として影も形もなくなった。しかし、その間に下鴨の森は若々しさと明るさの感じられる新しい姿に再生した。そして十六年前にまた、この森の近くに住むことになった。今度は森の東側であった。大学を停年でやめてからは頻繁に散歩するようになったが、若い時のような孤独な散歩者でなく、孫娘といっしょであった。このようにして下鴨の森がまた親しい心の友となったのである。

（昭和四十八年）

科学者の創造性

私どものように、科学の研究や教育に携わっておりますものは、年がら年じゅう、なにか独創的な仕事をしたいと思い、また、自分だけでなく、もっと若い人たちにも、なんとかして独創性あるいは創造性を発揮してもらいたい、それにはどうしたらよいか、ということばかり考えているわけです。しかし、科学者が独創性を発揮して立派な仕事をするということは、なかなかできることではないのでありまして、長い研究生活のなかで数えるほどしか、そういう機会に恵まれません。おなじ創造性の発揮といいましても大小さまざまありますから、ちょっとしたことまで数えれば、幾つかの成功をおさめられる場合がありますけれども、少し大きな仕事になりますと、一生に一度……、一度でもできたらいいのでありまして、二度そういうことに成功する人は、よほど偉い人であります。一ぺんもうまくいかないというのが、むしろ普通であります。

仮に運よく一ぺんでも成功する、あるいは特に運がよくて二度目も成功したとしましても、その途中の長い期間には、いったい何をしていたのか。勉強していたのか、遊んでいたのか、休んでいたのか……、いずれにせよ、創造性を発現しなかった。これは学問にかぎりません。芸術であろうと技術方面であろうと、とにかく一生懸命やって何か独創性を発揮したいと思っていても、うまく発揮できることはめったにない。そうすると、そのほかの時間はぜんぶ無駄だったのかどうか。もちろん、そんなことはないのでありまして、五回や十回駄目であっても断念するというのではいけない。百回駄目でも、まだやってみなければいけないのであります。そういう失敗をかさねているうちに、いつか成功の機会が訪れるだろうと期待するしかない。

一人の研究者のキャリアといいますか、活動できる年数は、だいたい三十年から四十年ですね。そういう三十年、四十年の間に一度か二度成功するだけで十分である。結局は一度も大きな成功を収められなくても、努力しただけの意味は必ずどこかにあるのでして、成功しなかったから無意味だったということはないのであります。そのようなことについて——私は芸術とか技術方面のことはよくわかりませんので、あまりあやしげな想像をしてもしかたがありませんから、自分の専門に近いところに話を限って——科学者の創造性という問題についてお話したいと思います。

必要条件である執念深さ

いま申しましたように、研究というものは自分の能力が続くかぎりやりたい——いよいよ駄目とわかれば、やめたらいいのでありますが、なかなかそうは思いきれないのでありまして、まだ自分はやれると思いがちであります。幸い、私どものように大学におります者には、停年というものがあります。京都大学は、かつては停年が満六十歳であったのが戦後六十三歳になりました。六十歳がいいか六十三歳がいいかは人によるのでありますが、とにかく一応そういう停年なるものがありますから、停年までがんばってみて駄目なら思いきったらいい（笑）。それでも思いきれない人は、大学におらなくても、自分でさらにがんばったらいいわけであります。

しかし、そのようなわれわれ学者のキャリアを考えてみますと、これは私の主観が非常に強く入っているのですが、要するに学問することそれ自身が執念です。執念深く、つまり、なにか執念にとりつかれてやっておる。それは、いやしくも学に志す人はみんな、それだけの執念をもっておったに違いないのでありますが、ただ、その執念がどのくらい強いか、どのくらい執念深いか、これは学者によって違う。しかし、執念深いから成功するとはかぎらない（笑）。いくら執念深くても成功しない人もありますね。数学でよく使う言葉で申しますと、ある命題が成り立つための必要条件と十分条件というのがあります。執念深いということは確かに必要条件だと思います。

しかし、十分条件でないことも確かです。

なぜそういう執念をもつのかということになると、わかりにくくなってくるのですが、さらによく考えてみますと、その人が自分自身のなかに非常に深刻な、内部的な矛盾をもっておるということと非常に関係があると思います。世の中には、普通の人もあり、偉い人もあり、あかん人もあり、いろいろありますが、非常に偉いと思われる人、変ってると思われる人とか、とびはなれたと思われるような人にも、いろいろタイプがあります。

大きく分けると、一つは聖者、聖人というタイプの人であります。もう悟りを開いているタイプですね。私は悟りは開いておりませんから、そういう聖者とか聖人のことはわかりませんが、そういう人は執念をもっていない。前にはもっていたかも知れないが、それは克服してしまっている。

それに対して、もう一つのタイプ——天才あるいは天才とまではいかなくても相当すぐれた才能をもっていて、自分の仕事に打ちこんでいる人は、それなりの悟りはあるかも知れないけれども、やはり、まだ執念が残っている。もう少し悪い言葉でいうと我執ですね。人間があまり立派になりますと、学問や芸術はできなくなるのではないかと思います。聖者とか聖人とは違うタイプの天才、あるいは天才に準ずるような人は、自分のなかにいつまでも深刻な矛盾を残しているようであります。ある一つの考えに執着しているけれども、しかし、それと反対の考えが自分のなかから抜けきらない。ああでもない、こうでもない、もっとほかのもののほうが良いのではないか、というように、信じたり迷ったりしながら、いつまでもやっているのが学者の仕事ですね。

もちろん一概にはいえませんが、私どもがやっているような理論物理、基礎物理の研究はそういうものです。ある学者がある説を強く主張している。いかにも、それを一〇〇パーセント信じているように見える。しかし案外、本人の心のなかでは、それと反対の説が気になっている。そういうことが多いのではないでしょうか。優れた仕事をする人は、そういうものです。それだからこそ迫力があるのでしょう。自分のなかでまずたたかっておりますからね。自分で悟ってしまったらなにも論文を書く必要はない。論文を書くのは、他人が目あてのようにみえますが、それよりもまず、自分にいいきかせるためであります。

天才と奇人

とにかく、そういう矛盾が内部にありますと、それが何らかの形で外に現われる。その現われ方もいろいろありましょうが、特にそれが他の人には変に見える場合には、奇人だということになります。そういう奇妙なことをする人は天才だといわれる。しかし、天才と奇人とが一致するとは限らない。天才で奇人的に振舞う人もあるかもしれないけれども、奇人的に振舞う人、かならずしも天才ではない（笑）。しかし人間というものは非常にたちの悪いものでありまして、他人が奇妙であることを喜ぶのですね（笑）。だから、奇人が天才であることを非常に喜ぶ。奇人らしくない人が天才であったりすると、どうもおもしろくない。自分と方面の近い人ですと、価値評価が比較的正しくできますから、とんでもない買いかぶりはしませんが、知らない方面の人だと、ちょっと変っていると、これは偉いのかもしれないと思い、変ってない人は、これは天才でない、というように判断しやすい。しかし、創造性がほんとうに発揮されるかどうかは、むしろ、自分のなかにもっている矛盾が奥のほうにひそんでいる。そして、それだけ根強い、それをどうするかということと関係している。それが外にも現われて奇人的である場合と、外に現われなくて、外からみるといっこう変哲もなくみえることもあると思います。

いずれにしても矛盾ということと執念ということとは非常に関係があるわけですが、しかし、矛盾を含んでいるとか、ある一つのものに執着するとか、一口にいっても、その執着するところは、いろいろあるわけです。非常に高い理想、それが容易に達成できないような非常に大きな遠いものかもしれない。それを達成しようとする人は、仕事のスケールも大きくなり、大きな仕事を成就する可能性も出てくる。そのかわり、一生かかってもまとまったことはとうとう何もできなかった、という結果になる公算も非常に大きくなるわけです。そのような点が、一つ根本にあると思います。

記憶力、理解力、演繹論理的能力

創造性という問題は、いちばん正体のつかみにくい問題であります。これを外から歴史的、社会的にみることにも十分、意義がありましょうが、問題の性質上、内面に入ってみる、内面からみるのでなければ、本質はつかめないと思います。

ところで、執念深いとか、自分のなかに矛盾を含んでいるというようなことが重要だと申しましたが、もちろん、それだけではいけないのであります。創造的能力と一見、反対物のように見える能力に、記憶があります。実際、非常に記憶力がよく、したがって学校時代に成績がよかった人で学校を出てからは一向パッとしない、学者になってても独創的な仕事ができないという人が、たくさんあります。それから、また理解力といわれる能力があります。これも、しかし創造性と相反するように見える場合があります。ものわかりは非常によいが、独自の考えは持っていないというタイプの人を、たくさん見受けます。しかし、ある種類の記憶力と理解力とが、創造性を発揮するための土台として必要なことも明白であります。

一口に理解力といわれているものの中には、いろいろな要素がふくまれていますが、合理的な思考能力をその中でも重要なものと考えてもよいでしょう。それをさらに狭く考えますと、論理的、特に演繹論理的思考力ということになります。ある前提から出発して、理詰めで結論を出す。こうだからこうだ、という推論を積み重ねてゆく。これは創造性を発揮するための土台、あるいは道具として、たいへん大切なものでありますが、それだけでは足りないのであります。論理的な演繹能力だけなら、電子計算機の方がすぐれている。スピードもずっと速いし、途中で、疲れてしまって、間違えたり、やめてしまったりということも少ない。今日の電子計算機は記憶能力も持っている。人間にくらべると記憶の量という点で、計算機はまだ、はるかに劣っています。しかし、とにかく計算機は記憶力と論理的思考力とを持っています。しかし、私たちは電子計算機が、創造力を持っているとは思わないのであります。そんなら人間は、そのほかに、どんな能力を持っているのか。

類推

人間のいろいろな知能、頭の働かせ方のなかで、誰でもある程度そういう能力をもっておって、しかも創造的な働きと一番つながりがありそうに思われるのは、類推という働きであります。これはむかしからよくいわれていることでありまして、皆さんも、これから私の申しあげることをお聞きになれば、割合たやすくおわかりになると思います。

私たちが、ほかの人たちに、わかりにくいことをわからせようとする場合に、よく使うのは、誰でもが熟知していることにたとえて話すというやり方です。すでによくわかっていることと似ていると、むつかしいことでもわかったような気になる。話す当人には両方ともすでにわかっている。必要なのはむつかしい方によく似た、やさしい例を見つけることだけです。しかし、それだけならまだ本当の創造性の発現とまではいかない。ある人がやさしい例と似ていると思うことによって誰にもわからなかったむつかしいことを理解できたとしたなら、そこではじめて、本当に創造性が発現されたといえるでしょう。実際、古代の哲学の書物、たとえばギリシャや中国の古典を読みますと、盛んに「たとえ話」が出てきます。古代の思想家は実際、たとえ話によって、人にむつかしい思想を教えただけでなく、恐らく自分自身も、そういう類推によって、独創的な思想に到達し得たという場合も多いと思います。

今日でも、うまいたとえ話をしますと、ほんとうかな、と思わせる。他人に「ほんとうだ」と思いこませるためには、たとえ話というものはたいへん役に立つのでありますが、あとでよく考えてみますと、どうも、そのたとえ話につられて、おかしな結論にひっかかってしまったと気がつくこともあります。しかし、私の申したいのは、ひとに納得させるとか、あるいはひとを催眠術にかけたりするということではなくて、自分が何か新しいことを考えつく、わからないことをわかろうとするときに、「類推」が今日でも相当、役に立つかということであります。

模型による類推

一口に類推といっても、いろいろな場合がありますが、物理学などに関係して、一番わかりやすい例は、「模型」による類推であります。二〇世紀の初め頃、原子の構造がまだよくわかっておらなかった時代に、原子模型をいろいろな人が考えだしました。イギリスのＪ・Ｊ・トムソン（Thomson）という人が一つの模型を考えだしました。これには、ちょっといいところもありましたが、結局、正しい考え方ではないということがわかりました。それから間もなく長岡半太郎先生がまた違う模型を考えだし、大分たってからラザフォード（Rutherford）の原子模型も出て、結局はそれが一番真実に近いということになりました。

そこでラザフォードの模型だけについて申しますと、われわれは太陽系がどんなものか知っている。太陽のまわりを地球やその他の惑星が楕円軌道を描いている有様を、われわれは想い浮かべたり、絵にかいたり、実際に立体的な模型をつくったりできる。いずれにしても太陽系は、直観的に明確に把握できている。ここでは文字どおりの模型ができている。つまり、太陽系自身は非常に大きいのですが、それをうんと小さくして、図にかいたり頭の中で想い浮かべたりする。それから逆にスケールをうんと大きくしていきさえすれば、もとの太陽系を再現することができる。こういうことは、昔からわかっていた。そこで、こんどは反対に、人間的スケールの模型をさらにずっと縮小していったものが原子だとする。もちろん、その場合、太陽のかわりに原子核、惑星のかわりに電子をもってこなければならないが、とにかく、そういう入れかえをやり、スケールを小さくしたものがそのまま原子だと思う。そう思えば、原子を直接に見たわけではないけれども、見てきたような話ができる。そして、それを手がかりとして、原子の振舞いについて、いろいろな結論を、割合たやすく引き出すことができる。それらの結論が実際とよく合うとわかれば、その模型がよかったことになります。

そんなわけで、模型を使って考えてみることはたいへん便利でありますが、これは類推の一種であります。しかし、この場合たいへん大切なのは、類推はあくまで類推だということであります。二つの違った事物の両方に共通する点を利用するのが類推でありますから、二つの間の違いが、どこにあるか、ありそうかという、逆の面からの考察が同時に必要なのであります。それをもう少し具体的にして、模型による推論の場合について説明します。太陽系の場合には、文字どおり模型がつくれます。スケールさえ大きくすれば、模型はそのまま本物と一致すると考えてよいでしょう。もちろん、この場合でも木材や金属でつくった太陽や惑星と、本物とはスケールの差以外にも、いろいろと違っていますが、それらの相互の位置や運動だけを比較する限り、そういう違いを問題にする必要はない。とにかく太陽や惑星の位置や運動も模型と同様に、観測してきめられるのですから、本物と模型は同列においてよい。ところが原子の場合は、その点が非常に違う。模型の方は目に見えるが、原子の方は見えない。見えるものと見えないものが、同じような運動をしているかどうかさえ問題であった。実際、原子の中の電子が、太陽系の中の惑星と全く同じ運動をしていると考えると、いろいろ困ることがわかってきた。そこでボーア（Bohr）が目に見える物の運動の場合にはなかった新しい制限条件――プランク（Planck）の発見した量子論の考え方を適用することによって出てくる制限条件――を持ちこみ、新しい原子模型をつくった。その結果、いろいろな原子の性質が非常によく理解できるようになったのであります。

こういう例でもわかりますように、類似性と同時に本質的に違っている点を探りあてることによって、別の段階に飛躍することができる。しかしその場合、そういう飛躍のための跳躍台としても、類推や模型が大いに役に立つのであります。私自身も中間子論を生み出す最初の段階で、それまでよく知られておった電磁気的な力との類推によって、当時まだ正体の全くわからなかった核力の本質をつかむことを考えたのです。その場合、両者は似ていると同時に、違った点もあるべきことは初めから予想していました。このように類推という思考過程は、古い、よく知られたものを手がかりとして、それと似た、しかし異質的なところもある新しいものを発見したり、理解したりするのに役立つのであります。

電子計算機における類推

そんなら類推の能力を電子計算機のような機械にあたえることによって、創造的活動をさせることができるであろうかと考えてみますと、原理的には不可能とはいえませんが、実際は、なかなか難しいのです。誰でもすぐ思いあたるのは、現に存在するアナログ計算機でありましょう。計算機には大きく分けて、ディジタル計算機とアナログ計算機の二種類がありますが、近ごろの大きな計算機は、ほとんどすべてディジタル式であります。先ほど記憶力と演繹的推理力を持っていると申しましたのは、ディジタル式の電子計算機のことであります。つまり人間の頭の働きの一部を代行し、しかも人間より速く、そして間違いなくやってくれるわけです。ところが、人間は目や耳を持っております。科学が進むのに伴って、そういう感覚器官の役割りを機械に代行させたり、補強したりするようになりました。特にいろいろな物理量を正確に測定するための精密機械が発達してきました。そこで今度は数の計算のプロセスを物理量の測定のプロセスと置きかえることによって、計算問題を解こうとする試みが出てまいりました。特に微分方程式を解くという問題になりますと、もしも、それと同種の微分方程式にしたがう電気回路をつくることができたならば、後者について電流や電圧などを測定することによって、元の微分方程式の解が得られるわけで、ディジタル式の場合のように、加減乗除を非常に多数回くりかえす必要がなくなります。

大ざっぱにいって、こういう類似性を利用して機械に問題を解かせるのがアナログ式であります。ちょっと考えると、人間の持っている類推の能力を機械に持たせたように見えます。しかし実は、そこに本質的な違いがあります。人間の場合に、類推の能力が創造的な働きをするのは、「類似に気がつく」ということが核心となり、出発点となるからであります。アナログ計算機の場合には、それをつくった人間が、類似性を知っており、それを利用しただけであります。機械自身が類似性を見つけ出したのではありません。

直観と人間の顔

そこで、もう一度、人間の持つ類推の能力について考えて見ますと、それは明らかに「直観」といわれるものと密接な関係を持っています。よくわからないものを理解するために、それと似ているだろうと思われる、もっとよくわかったものを持ってくる。よくわかったものというのは多くの場合、それについての直観的なイメージを私たちがすでに持っているものなのであります。原子を理解するために持ってきた太陽系については、私たちはすでに、はっきりと直観的に把握することができていたのであります。直観的に把握するということは、各部分をばらばらなものとしてではなく、全体として、あるまとまりを持ったものとして掴むことであります。三つの直線を別々のものでなく、端と端のつながった一つの図形と認めることによって、三角形のイメージができる。もっと複雑な図形についても、それがある図形として認識されるのは、人間の持つ直観の能力によるといってもよいでしょう。

そういう「図形認識」にかけては、人間の能力は驚くべき発達をとげています。機械に、この能力を真似させることは非常に困難であります。もっともいちじるしいのは、人間が他の人間を見わける能力でありましょう。群集の中に自分のよく知っている顔が見えると、瞬間的にそれと気づきます。これは誰でもが持つ能力ですが、恐るべき能力であります。特に、ある人の顔を覚えておこうと意識的に努力しなくても、何度か会っている間に、その人のイメージが私の記憶の中にできあがってしまっている。そして次に出会った時には、大勢の群集の中でも一瞬にして見わけることができるようになっている。人間の頭の中ではいったい、何事が起っているのであろうか。こういう疑問に対しては、まだ誰も満足な答えをあたえてくれないのであります。

これについて私は、次のような素人考えを持っています。人の顔を見わけるというのは、高度の総合判断であります。その人の顔の輪郭、顔の部分の形、表情、顔色など、いろいろな要素の全体として、他の人の顔と確かに区別できる、ユニークなイメージが頭の中にできあがっている。それはそうに違いないが、さてそんなら、その人の顔のディテールまで覚えているかというと、そうもいえない。特徴のある顔は覚えやすく、また見わけやすいということがあるのを見ても、ディテールを全部覚えているのでなく、むしろ、他の部分は軽視もしくは無視して、いくつかの重要な特徴だけ、はっきりと覚えているのではないかと思われる。人間は頭の中で、そういうことを、ほとんど無意識的にやっているのではなかろうか。つまり、無駄なものを捨てて、重要なものだけ拾いあげるという活動が頭の中で始終、行われているのではなかろうか。そう考えると、総合的判断を行う準備として、感覚としてあたえられる豊富な内容を持つ全体の中から必要な要素だけを、いくつか取りだす抽象の能力が、直観の働きの裏で活躍しているのを無視できなくなる。抽象化の働きが、実は直観と表裏一体の関係にあることになる。そうなると、人間の創造的思考という問題も、直観と抽象化の協力関係という面から眺めるのが、一つの有力な解決法になるのではなかろうか。私はこの数年来、こんなことをしきりに考えているのであります。

抽象化、一般化

そこで今後は、抽象化という働きについて、もう少し立ち入ってみましょう。人間の抽象化の働きと一番密接に関係しているのは数学であります。小学校で2×2＝4、あるいは2＋2＝4であることを習います。それらが正しいことは、子供でも直観的に知ることができます。そして直観的に自明だから真理だということになります。だんだんと大きな数になりますと、二つの数の和や積がいくらになるか、直観的に把握することが困難になります。そういう場合には、小さな数の和や積について、わかっている知識を積みかさねて——つまり定められた仕方で、そういう知識をくりかえして使うことによって——大きな数に関する正しい知識を獲得せねばならなくなります。ところで、数を数として扱うということ自身が、そもそも抽象化の結果であります。コップを一つ二つ三つと数える時には、コップについてのあらゆる複雑な知識は捨ててしまって、ただ、それらが同じコップだという点だけを認めて数える。人間について一人二人と数える場合も同じです。いったん、数を扱うことにしてしまうと、それがコップの数であるか人の数であるかさえも問題でなくなる。物や人から離れて、数の間の関係を一般的に考えればよいことになります。このようにして、抽象化は一般化を結果することにもなります。これが、抽象化、一般化ということであります。

同じ数学の中でも、幾何学は算数以上に直観をたよりにしておりますが、特に中学校で習うのは平面幾何学であり、紙の上に書けるし、われわれが直観的にそれを把握しやすいわけです。しかし、3次元の幾何学、つまり、空間の幾何学、あるいは立体幾何学になりますと、図を書くのもずっと難しくなります。直観的に把握するには、影になっているところは点線で書いたり、いろいろと苦心しなければならないが、とにかく奥行きのある世界のイメージをはっきりと想い浮べることができます。ところが、さらに進んで、4次元空間の幾何学を考えようとする、あるいはもっと一般に、n次元空間の幾何学まで考えようとすると、もはや直観はきかない。

しかし、それでも直観のきく2次元や3次元の場合を土台にして、それを抽象化、一般化して、多次元空間の幾何学をつくってゆくことができる。これも、一種の類推だと見ることもできますが、こういう意味の抽象化、一般化は、数学に限らず、数学をふんだんに利用している物理学でも、さかんに行われております。

今日の理論物理学では、抽象化、一般化が極度まで進んでいる。直観がほとんどきかなくなってしまっている。これは行き過ぎだろうということを、私は、折りにふれていっているのです。特に若い人たちに対しては強くいっているのです。出発点には何か直観的なイメージがあったが、それをだんだん一般化、抽象化してゆく。その結果として、最初のイメージは捨てられて、ある抽象的な形式だけが残る。残ったものだけをいじくりまわしていても、本当に新しいものは出てこない。話がますます形式的になり、非常に空虚な感じのものになってしまう。それに対応する物理的なもの

――つまり自分の生きている世界のもろもろのもの――とのつながりがだんだん稀薄になってゆく。形式だけが宙に浮いてしまった感じになる。この頃の抽象化ばかりをやっている理論は――これは私がいったのではなく、若い人の一人が自分でそういったのですが――いわば骨皮理論ではないか。骨と皮はあるが、いっこう肉づけがない。そうなると、おもしろくない。しかし、これを非常におもしろいと思う人もたくさんあるのですから、世の中はさまざまです。初めからそれをやっている人は、それが非常におもしろいと思っている。人間は何に執着するかわかりません。初めから抽象化されたものに執着すると、それがとてつもなくおもしろく見えるのかもしれません。しかし、私などには骨と皮ばかりに見える。

パラドックス的な直観と抽象

むかし、一休という和尚さんが、お正月に頭蓋骨をかついで歩いて、この世の無常を悟らせようとした。人間は、きれいな女の人も偉い人も、みんな骸骨が肉をつけ、皮をかぶったものにすぎないというわけです。実際、X線を透して見れば骸骨だけしか見えない。しかし、骸骨が人間の本質だというわけにはいかない。人間の本質は骸骨ではないことは確かです。一休和尚も、骸骨でない人間精神の真面目を悟らせようとした。物理学も骸骨だけになってはつまらない。だから私は、骨皮理論は賛成ではありません。抽象化、一般化というプロセスだけが一方的に進行して、骨と皮だけになってしまっては困る。直観の裏で抽象が働いていたように、抽象の働きの裏で、全体をまとめて把握する直観の働きがないといけないと思います。それが、いつかは効能を発揮して、新しい段階への飛躍が実現し、新しい物質観、自然観ができあがることを期待しているのであります。

その場合、しかし、抽象化の進行に伴って、直観の方も進化する必要があります。たとえばアインシュタイン（Einstein）が相対性理論を唱えて間もなく、ミンコフスキー（Minkowski）という数学者が、それは4次元世界——ミンコフスキーの4次元空間——を考えると非常に明瞭に表現できることを示しました。元来、4次元空間は抽象的なものでしたが、今では私たちはミンコフスキーの4次元空間に非常に親しみを持っている。ミンコフスキー空間の中で、物理現象を直観的に把握することができるようになっている。人間の直観は、このように進化してゆくわけです。このようなプロセスも同時にあるわけですから、直観と抽象の関係は非常にパラドックス的であります。抽象化、一般化してゆくと、具体的なものからどんどん遠ざかってゆく一方のようでありますが、頭の方が変って時間がたつと、そういうものがまた具象性を帯びてくるということもあるわけであります。われわれの知能が子供のときからだんだん発達してゆく場合にも、そういうことがあるわけです。また、そういう変り方は、人によって相当違っているでありましょう。

現代の数学は私たち物理学者からみると、極度に抽象化されているように見えますが、数学者自身はそうは思ってないようです。私たちからみると抽象的すぎるようなものが、数学者には案外、具体的なものとして把握されているらしく思われます。だから、抽象化、一般化を、一概に骨皮とか骸骨とかいってやっつけてしまっても、しようがない。しかし、私が申したいことは、そういうものだけでは創造的な働きにはならない。はじめから抽象的なものを、さらに一層、抽象化、一般化するだけでなく、その上に、なにか、新しいものを生み出す源泉あるいは契機となるものをつけくわえることが、必要です。そういう源泉や契機はどこに見出すべきか。過去の天才は自分で、この点をどう考えていたのか。その一つのいちじるしい例について話したいと思います。

天才的物理学者の輩出した一七世紀

自然科学、特に物理学関係に話を限って申しましても、過去において、創造的才能を発揮した人が数えきれないほどあるのですが、しかし、物理学の歴史をたどってみますと、どの時代でも同じように偉い天才がぽつぽつと現われたのではなく、ある時期に割合かたまっているのです。近世以後で、それが非常に明らかにわかるのは、二つの時期でありまして、一つは一七世紀です。一七世紀には、ガリレイ（Galilei）、ケプラー（Kepler）、ニュートン（Newton）、ホイヘンス（Huyghens）というような大学者が次々と出ました。これは天才群の輩出した第一の時代です。科学史の専門の方々は、この時代を科学革命の時代と呼んでおられ、非常に詳しく研究なさっておりますので、ここで詳しくお話する必要はないと思います。

もう一つ天才がたくさん現われたのは、一九世紀の終りから二〇世紀の初めです。プランク（Planck）、アインシュタインというようなところから始まりまして、物理学の二度目の革命が起ったのです。それにひきつづいて、一九二〇年代にもう一つの山があった。つまり量子力学の建設という大きな成功があり、これと関係して、数多くの天才的な物理学者が世に出たのであります。

なぜそのようにかたまるかということは、議論しだすときりがない。いろいろな側面から検討してみなければなりませんので、今日はそういう話はやめておきます。ここでは、ただ前のほうの、科学史学者が科学革命の時代といっている一七世紀、そこに天才といわれる人がたくさん現われたなかで、特にデカルト（Descartes）に焦点をしぼって話したいと思います。

デカルト的明晰

デカルトについて、私のように物理をやってきたものが、どのような印象をもっていたかと申しますと、解析幾何を発明した人で、たいへん偉い数学者だったらしい。それより、もっとよく知られているのは、〝Cogito ergo sum.（われ思う、故にわれあり）〟という言葉です。これが近世哲学の始まりだといわれています。それにくらべて、物理のほうはたいしたことはなかったらしい。

物理の教科書にはあまり出てこない。デカルトの屈折の法則というのは、どうも説明のしかたがよろしくない。哲学、数学では偉いが、物理となるとそれほどでもなかったのじゃないか、というのが、以前に私の持っていたデカルトのイメージでした。実際、今日でも、ガリレイ、ホイヘンス、ニュートンなどと比べられるような、大物理学者とは受け取られていないようであります。しかし、実際に科学史家が詳しく検討したところによりますと、ガリレイからニュートンに至るまでに、相当の年月があるのですが、その間をつないでいる人として、デカルトが大きな役割を果しているのです。私はデカルトが好きなのですが、好き嫌いは別として、彼をとりあげたのは次のような理由からです。科学者の創造性について考えるとき、今日まで創造的な仕事をした人はたくさんありますが、その創造的な仕事はどのようにしてなされるか、われわれの創造的働きはどういうものか、どのようにすれば創造的でありうるかということを自分で反省し、その観察を後世に残した人は、ほとんどないのです。デカルトは、そういうことを自分で考えた点でも非常に貴重な存在です。デカルト自身、非常に偉い学者です。だんだんと調べてみると、われわれは先入観をもっておったことがわかります。非常にスケールの大きな人でありまして、哲学、数学、物理学、天文宇宙、それから生物へと、彼の関心の範囲は非常に広かった。単に手広くというのではなくて、年齢とともに興味の対象がだんだんに変っていった。若いときは数学の才能をあらわし、また物理でも相当の才能をみせ、それから宇宙の進化論、やがて生物の進化論というようにだんだんと変っていったのでありますが、しかし、それは、デカルトという人が自律的にそのように発展すべくして発展したように思われるのであります。

それは、自分の生きている宇宙を理解したいということ、単に〝コギト・エルゴ・スム〟だけではない。〝われ思う、故にわれあり〟というところが出発点であるかもしれませんが、結局、自己もふくめて、この世界全体を理解したいということで、ある時期にはさかんに動物の解剖もやったようであります。しかし、サジを投げた。あの頃の段階では、生物学も含めて、まとまった宇宙観、自然観、物質観はできないというので、サジを投げたのであります。もし、彼が現代に生まれてきたならば、生物物理などに大いに興味をもって、ほんとうのことや、ほんとうでないことを大胆にいってのけるに違いないと思います。そのように、彼は自分自身が非常に創造的才能をもっており、それを発揮したと同時に、どうすればそのようにできるかということを考え、またそういうことを書き残している人であります。

フランス人はよく〝デカルト的明晰〟ということをいいますが、そういわれても、フランス人には明晰にわかるかもしれませんが、私どもにはいったいデカルト的明晰というのは何か、なかなかはっきりと摑めない。デカルトは、非常に合理主義的な人であるということになっております。ところが、デカルトの書いたものを読んでみますと、直観を非常に重んじております。つまり、合理主義と直観主義が本来一つのものだということをよく知っておった人なのですね。人間の創造的な働きの本質を、よくつかんでおった人だと思うのです。この点は他の機会に書いたこともありますので、ここではちょっとだけ説明して、私の話を終りたいと思います。

デカルト的方法

デカルトにはいろいろな書物がありますが、私は哲学者でもないし、また難しい哲学書を時間をかけて読む暇もありませんので、なるべく早く読んでしまえる本で、なにかためになるものと思って探したところが、『精神指導の規則』という薄い本が見つかりました。これに非常にいいことが書いてあります。われわれ科学者のために、修身のような、道徳教育の教科書のようなことが書いてあります。この本には精神を正しく導くための規則が二十ほど並んでいて、その一つ一つのあとに、説明がついています。

規則1は、〝研究の目的は、現われ出るすべての事物について、確固たる真実なる判断を下すように精神を導くことでなければならない〟となっています。全く当り前のことのようですが、研究者が自分で自分の精神を導く。精神が、あらぬほうに行ってしまいやすい。常に自分の精神を自律的に正しい方向に向けよというのです。意識以前のことを意識的に考えよというわけで、何でもないことではありません。

規則2は、〝確実で疑うことのできない認識を精神が獲得し得ると思われるような対象のみに携わるべきである〟となっています。真理をそこから獲得し得るような相手を選んで研究しなさいというのでありますが、これにもなかなか意味があります。まずわかったところを、もっとよくわからせろというのであります。

規則3は、〝示された対象について明晰且つ明白に直観し、または確実に演繹し得るものを求むべきである〟。これがデカルト流の精神指導術の極意であります。これは要するに、明白に直観し、または確実に演繹するという、何でもないことを二つ並べて書いてあるように見えますが、そのあとに、いろいろと書いてあるところから考えあわせますと、私が、先ほどから申していることの核心をついていることがわかります。つまり、三段論法などというものは、初めからわかっていることを、もったいぶっていい直すにすぎない。直観的に把握できているからこそ、それを三段論法の形に直せる。そういうことをデカルトは、ずばりといっています。

〝多くの事物は、たとえそれ自身明白でなくてもいちいちの事物を明瞭に直観しつつ進む思惟の連続的な、中断されない運動によって、真実の既知の諸原理から演繹されたならば、それが確実であるということが知られるようになる〟ともいっています。いわれてみれば当り前のようだが、やはりおもしろいと思うことが、たくさん書いてあります。たとえば、先ほどの規則3のあとにこういうことが書いてあるのです。たいへん教訓的だと思いますが、まず2＋2＝3＋1というようなことを直観すべしというのです。われわれは、子供のときにはそういうことを直観したのでしょうが、まずそういうところから始めろというのです。そこがはっきりわかれば、それが足がかりになって次へ進める。

ですから、デカルト流の自分自身の精神を導くというやり方を絵にかいてみると、直観を一つの円とすると、その円が幾つも重なって、連環のようにずーっとつながってゆく。それを裏をかえせば演繹論理になっているということだと思います。ふつう、演繹論理は非常に形式的に捉えられておりますが、デカルト自身は今いったような捉え方をしている。そのようにして、自ら精神を導いてゆくべきだと考えたのでありま す。このように考えますと、合理主義とか直観主義というのは、デカルトでは本来一つのものであります。デカルト的明晰というものの本質は、やはりそこにあるだろうと思います。先ほど申しました「類推」の働きなども、そう違ったものではないことになります。しかし、デカルト的な方法は、現代の物理学の段階では、そのままでは適用できません。

デカルト的方法と今日

どういう点が現代的でないかと申しますと、一つ非常にはっきりしておりますことは、最初に自明な、疑いようのないもの、直観的に非常に明白なものから出発せよ、というところです。現代物理学は今世紀の初めの革命によって、そういう段階を超えてしまったのです。その点は、ポアンカレー（Poincaré）などが早くからはっきりいっているのであります。物理学の原理は絶対的な真理というようなものでなくて、いつも仮説的な性格をもっております。そういうものは自明である場合もあるし自明でない場合もあります。できるだけ直観的に明瞭に把握しなければならない、という点では、デカルトの考えは、今でも正しいでありましょうが、直観的に明瞭でほんとうらしいものがいろいろあり得て、しかも、それらが互いに矛盾している場合が出てくる。そのどれが正しいかということは、それからのいろいろな推論――デカルト流にいうならば、直観の連環をずーっと進めていって、実際の自然現象とつながるところにきて、そこでうまくつながらなければ、それはアウトということにするほかはない。するとまた別の直観から出直さなければならない。
　初めにあるものは、ただ一つときまっていて、それは自明なものと思ってよかったのは、一七世紀の古典物理学の時代の話です。非常にへんなものから出発しなければならない、ということを二〇世紀になってわれわれは教えられたのであります。しかし、今日といえども、デカルトの書物から、創造性などと関連して教えられるところが多いのであります。つまり、論理というものは直観の連環だという考え方ですね。そういうことが非常にはっきりと表現されている。ただし、どのようにして直観と直観がつながるか、あるいは、つながるだけでなしに、直観自身がどうして進化していくか、というような点までは、デカルトも考えなかったようです。

　時間も超過しましたから、このへんでやめますが、創造性という問題にはいろいろな面から近づき方があり、たまたま私は理論物理をやっておりますので、それと関係の深い側面だけを申しました。これから先の機械文明のより一層進んだ世の中では創造性はあまり重要なものでない、誰も彼もが、みんな同じようなことを考えるようになってしまうだろう、というように悲観的に考えておられる方もたくさんあるかと思いますが、しかし機械文明が進んでゆけばゆくほど、そういうなかで、人間はどうすればさらに創造性を発揮できるか、より一層真剣に自分で考えなければならない、と私は思います。デカルトは、すでに三百年も前に、自ら、自分の精神を導くことを考えた。現代のわれわれは、自分を導くどころか、外からの要因によって年がら年じゅう引きずりまわされており、またそのことさえも知らずにいる。甚だあわれな状況にあるのではないか。そういうあわれな状況から脱却するには、デカルトを思い出していただくのもたいへんいいのではないかと思って、彼の話をつけくわえた次第であります。

(本文は一九六四年五月四日、名古屋ＣＢＣホールにおいて行われた中部日本放送主催、日本科学史学会後援の講演会の講演速記を全面的に加筆・訂正したものです。)

心をとめて見きけば

「よろづのこと草を見るに、浅きにふかき事あり、ふかきと思ふに浅き事あり。いづれも心をとめて見きけば、おもしろき事のみなり。」

と、大蔵虎明の「わらんべ草」のはじめに書かれている。狂言を見ていると、時々この言葉が念頭に浮んでくる。狂言の筋は簡単であり、せりふも現代語とそんなに違わないから、だれにもよくわかる。そのために、かえって狂言には深味がないと片づけてしまう人がないとも限らない。しかし浅いとか深いとか感じるのは、その人の心次第である。土をほる鍬の先にあたった瓦の破片一つでも、考古学に関心をもつ人にとっては、深い意味があるかも知れない。

しかし、また何事にも深い意味を見出そうとする人は、逆のあやまちをおかす危険がある。「わらんべ草」にも「深きに浅き事あり」の例として、「つれづれ草」の一段を引用している。それは、ある上人が丹波の出雲神社に参詣した時、こまいぬが、うしろむきに置かれているのに気づいて、きっと何かいわれがあろうと思い、神主さんをよんで聞いてみると、「子供のいたずらです」といいながら置き直したので、「上人の感涙いたづらになりにけり」という話である。

そういう、いろいろな場合があるにせよ、どんなことでも、「心をとめて見きけば」おもしろいことばかりだ、という江戸初期の狂言師の感想に、私は心から賛成したい。若い時から今日まで、私は物理学の研究一筋に生きてきた。しかし、だからといって、物理学以外に関心をもたなかったわけではない。それどころか、五十歳を越した頃から、私の興味の範囲はひろがる一方であった。このごろは、おもしろいと思うことが多くなりすぎて困っているくらいである。狂言を見ていても、狂言以外のいろいろなことに思いあたって興はつきない。まあ、しかし理屈は抜きにして、狂言師の心からの笑いに、こちらも釣りこまれて大笑いするのが、狂言を見る最大の楽しみであることは、もちろんである。

（昭和四十三年五月）

第3章　文学と科学の交叉——詩の世界に遊ぶ

科学が生かされるということ
——人間に幸福を与えるか——

生活の中の科学

私どもの生活の中に、科学がどのような形で入って来ているかというようなことを述べてみよという御依頼であるが、これは私にとっては一番苦手のことである。私は科学の研究を始終やっている者であるが、私の研究していることは、科学の色々な分野の中でも特に日常生活とは縁の遠い方面なのである。つまり日常生活にまだ関係がついて来ないというような、未知な領域の研究をやっているのである。

科学のどういう方面をとって見ても、最初は人間に身近なもの、日常経験の世界から始まる。私どもの住んでいるこの世界、自然的な世界、そういうものをもっとよく知りたい、われわれのよく理解できないことを詳しく調べて、その原因を突きとめたい、あるいは、われわれの日常目に触れるものよりも、もっと向うに、何かそれよりも、もっと根本的な物というか、力というか、本質というか、そういうものがあるらしい、それを見つけたい。たとえば、われわれの目に見えるいろいろなもの、今私の前に置かれているマイクロフォンであるとか、机、椅子であるとか、時計であるとか、そういう物がどういう仕掛で動くか、どういう訳でいつも同じ形を保っているのかというようなこと、それを突き詰めて調べて行くと、結局、それが原子からできており、さらに原子そのものがまた、もっと細かな粒子からできていることがわかってきた。そういうわけで出発点はわれわれの日常生活と縁の近いことであったのが、だんだんと進んで行くに従って、だんだんと日常の世界から縁遠くなって、人間ばなれがしてゆく、いいかえれば問題が抽象的になって来ることを免れない。

私どもが研究している素粒子というようなものになると、これはまた原子を、さらに細かに分けて、最後に残るものが素粒子だと、われわれは思っているのであるが、そういうものは、直接われわれの目に触れるものとはまるっきり様子が違う。

そういうわけで、初めに述べたように、日常生活の中に、科学がどのように生かされているものかというようなお話は、これは一番私の苦手とするところである。

しかし、私があらためて申すまでもなく、今日の私どもの生活のあらゆる方面に、科学の生み出した結果が入り込んで来ている。ラジオをきき、電車に乗り、自動車に乗る、というようなことは、科学が生活の中に浸潤しているということの、ごく一部分にすぎない。私どもの周囲にあるほとんどあらゆるものを生産する過程の中には、科学の成果が色々な形で取り入れられているのである。

科学の影響力

しかし科学の影響はそういう「物の世界」だけには限られていない。科学文明というとすぐ引き合いにでるのはアメリカで、「現在のアメリカ人の生活というものの中には、あらゆる方面に科学が浸透しており、日常生活にも、電気冷蔵庫とかテレビジョンとか、そういうものが身近にあって、日本人の一般の生活と比べれば、遥かに科学というものが多く入り込んでいる」というような言葉がきまり文句になっている。それは一応その通りに違いない。

しかし、科学の影響力というものは、そういう、いわゆる文明の利器というようなものに限られているのではない。科学が進歩し、それが日常生活の中に入って来るというのは、単に目に見える形で入って来るだけでなくて、われわれの物の考え方、生活態度というようなものが、それと一緒に変って行くという点、そこにむしろ一つ一つの文明の利器が使われるということと同等以上の重要性があると思う。

たとえば、科学が発達しておらなかった時代、あるいは科学者は科学を研究していても、それが一般の人たちには非常に縁遠く、一般人の生活の中に入って来なかったという時代には、一般の人たちの物の考え方というものは、今日とは非常に違っていた。ずっと昔の未開時代から遺っている、いろいろな迷信というようなものが、何の反省もなく信じられておって、昔からのしきたりだから、その通りする。そのようなしきたりの中には、特に害毒もなく、そのまま続いておっても差支えない、むしろ、それがわれわれの生活を豊かにしているというようなものもたくさんある。たとえば、私の住んでいる、この京都の町、こういう古い町には、昔からのしきたりに従って、いろいろな年中行事がある。祇園祭であるとか、大文字の送り火であるとか、その他さまざまの年中行事があるが、こういうものは、その多くは楽しいものであり、美しいものであり、われわれの生活にうるおいを与えている。よそから来る人も、それを見て楽しむ。これらは非常に結構なことで、特に問題とすべきことはない。

しかし、そういうものに伴って、いろいろな迷信が残存している場合がある。たとえば、どういうふうにすれば病気が治るとか、どういうことをしなければ祟りがあるとか、いろいろなことが信ぜられ、行われている。そういうものも、その人が、そういうお呪いその他のものを信じて、それでそういう気持になり、その人の気分を軽くし、それで気持が快くなり健康状態にも良い影響があるという限りにおいては、何も悪いことはない。しかし、そういうのが、だんだん極端になると、現代の医学の教えるところに従って科学的な方法で病気を治すということに対する努力が薄らぐ、そういう影響がある場合には、これは困ったことになる。

　科学がだんだんと発達して来るということは、昔から人間が、何となく信じておったこと、習慣的に信じておったことを、それぞれの場合について、よく反省し、現在われわれが正しいと思っている科学的な知識というものと照し合せてみて、間違っているものは捨ててしまう。そういうことによって、自然と皆の物の考え方の筋が通って来る、無理のない考え方をするようになって来る。それによって、皆の生活が、一方では、科学のいろいろな成果を直接利用することによって、生活が楽になり、豊かになると同時に、人間の社会生活というものが、無理が少なくなって、お互いに気持よく暮して行けるようになる。そういう効果があって初めて、科学というものの真価が発揮されたのだと思う。

　先ほども述べたように、科学が発達するということは、なにも、昔からあるいろいろな習慣をみな、古くからあるものだからという理由で、それを捨ててしまう、そういうような破壊的な作用をすべきものではない。昔からあるものでも、われわれの生活に、喜び、うるおいを与えるもの、これはできるだけ残しておきたいものであると思う。

時間的奥行のないアメリカ

私はこの五年間、主としてアメリカに滞在していたが、アメリカという国は、物資が豊かで、目に見える部面に科学の成果を使うという点では、どこの国よりも徹底していると思う。それに伴って生活態度も合理的になってきたことも確かである。そういう所に生活していると、非常に便利であり、科学文明というもののありがたさを十分感じるのだが、その反面において、何かやはり、この日本にはあって、アメリカにはないというものがあるということもしみじみと感じさせられる。

それにもいろいろあるが、アメリカにないものの第一は何かといえば、これは言うまでもなく、長い歴史である。歴史と言ってしまうと、これは過ぎ去った過去であって、そんなものにこだわる必要はないというふうにお考えかもしれないけれども、もう少し言い方を変えてみれば、要するにこれは、時間的な奥行というものであって、アメリカのような大きな国は、空間的に非常に大きな広がりをもっている。

日本のように、四つの島に制限されて、その中に非常に多くの人が生活して行かなければならない、そういう空間的な制約が非常に強いということを、日本に帰って来ると、痛切に感じる。どこの大都会に行ってみても人が非常に多くて、よくこれだけの人が生活して行けるものだという驚きをあらためて感じるのであるが、その代り、日本には時間的な奥行というものが十分にある。

過去というものは、なにも全部が消えてしまうのではないのであって、われわれの心の中に、そういうものが、まだ生きているのである。われわれが意識しない、潜在意識というか、そういうふうなものの中に、あるいはわれわれの身体の中に、歴史というものが実は生きている。われわれは多くの場合気がつかないのだが、そういうものが生きている。またわれわれの外では、古い建物というようなすぐ目につくものだけでなく、いろいろな古くからの習慣というものとなって残っている。

過去というものは、決してすっかり消えてなくなるものではない。

そういうものの中には、先ほど申したように、今日の科学の、われわれにとって正しいと思われる知識に照し合わせてみて、明らかに間違っていて、捨ててしまわなければならない部面がたくさんあるが、その反面には、そういう時間的な奥行というものがあることによって、そうしたものの、良い面を生かすことによって、われわれの生活にうるおいがあり、新しい国では味わえないような喜びというものを味わうことができる。

結局、科学といっても、そんなにこれを狭く解釈して、昔からあるものとすべて矛盾し、科学が進むということは、そういう昔からあるものをただ捨てて行くのだ、新しいもので置き換えて行くのが社会の進歩だ、というように一概に考えるのは、必ずしも当っておらない。そういう一方的な方法によって、人間の生活がほんとうに幸福になるというようなことは保証されない。

特に人間の美意識といわれるものは、非常に長い人間の歴史の中で徐々にでき上ってきたものであろうから、新しいものだけでは、人間の美意識に充分な満足を与えることができない。アメリカ人が同じ人種のヨーロッパ人とくらべて、そういう方面の関心が薄いというか、何か微妙な違いがあるように思われるのも理由あることであろう。

日本の場合など、殊に京都のような古い都会に住んでいると、そういう古いがしかしいうにいわれぬ美しさをもったものを生かしたいと思うが、同時にまた日常の生活にもっともっと科学がとりいれられてしかるべきだと思われる面もたくさんある。

しかし、前にもいったように、どういうふうにすれば、もっと日常の生活の中に科学が入って行き、生活が便利になるかというような問題を一つ一つの問題を取上げると同時に、われわれの物の考え方というものが、もっと科学的になるということが伴わねばならない。

所で科学的なものの考え方というと、すぐに四角四面なゆとりのないもののように思われがちであるが、科学の進歩ということは、われわれのものの考え方に幾度も根本的な変革を要求してきたのであって、初めからわくにはまった固定した考え方を墨守していたのでは、本質的に科学を発達さすことはできない。従ってゆとりのある考え方の方がかえって本当に科学的なのであるともいえるのである。頭のはたらきが機械的になってしまったら、科学の本当の進歩はとまってしまうであろう。

科学者の不安

話が少し漠然として来たけれども、私は純粋の科学者で、初めにも言ったように、もともと日常生活とは縁遠い、われわれの住んでいる自然界の本質というか、そういうものを、どこまでも細かく調べて行き、そうしてそこからわれわれの住んでいる世界を支配している根本的な法則というものを見つけ出す、そういうことにばかり努力を集中して来たわけである。

しかし、そういう研究をやっている間にだんだん気になってきたことは、果してそういう科学の研究というようなものが、われわれ人間の生活に、ほんとうに幸福を与えるものであるかどうかということである。このことが、だんだん気になって来た。

この問題は、特に今度の戦争以後非常に深刻な、痛切な問題となって来て、科学者のみならず、一般の皆さん方にも気にかかることに違いないと思う。

私はいつも思うのだが、科学の研究というようなもの、もっと広く申せば、真理を探究するということは、それ自身確かに価値のあることであって、人間がほんとうに人間らしくなるということは、そういう真理なら真理、あるいは、美しいものであれば美しいもの、そういうものとして探究して行くという気持に目覚めたところから、ほんとうの文明とか文化というものは発足したものであると思う。これは今さら言うまでもないことで、そういうことについては私の考えは以前も今も変らない。

しかしそれと同時に、この人生にとって一番大切なことは、人間が大勢集って社会生活をしている、その中でどうすれば皆が仕合せに暮して行けるか、言いかえれば、人間と人間との間の関係が、うまく調節されてゆくというか、そういうものが、人生においては一番大切なことではないのか、そういう方をおろそかにしておれば、いくら科学というものが進歩しても、結局それが、人間にはほんとうの幸福を与えるものでなかったら、結局無意味なのではなかろうかという問題が、始終私の頭を去来している。

この日常生活と全くかけはなれた自然界を探究するというだけでなしに、人間関係、そういうものに対してだんだんと余計に大きな関心をもつようになって来たわけである。

こういう問題は、簡単に述べることはできないが、先ほどから申したことを一言にして申せば、要するに、科学が進歩するといっても、それと同時に、われわれの物の考え方が合理的になり、同時に、だんだんと包括的というか、いろいろな考え方を調和し、それを包んで、ゆとりのある物の考え方になり、それに伴って、人間界のさまざまな矛盾とか争いというようなものも、そういうところから、だんだんと解決されて行くようになり、それで初めて人間がほんとうに進歩した、ほんとうに科学というものが生かされて来たのだ。そういうふうに私は考えているわけである。

（昭和二十八年十月）

自然と人間

自然は曲線を創り人間は直線を創る。往復の車中から窓外の景色をぼんやり眺めていると、不意にこんな言葉が頭に浮かぶ。遠近の丘陵の輪郭、草木の枝の一本一本、葉の一枚一枚の末に至るまで、無数の線や面が錯綜しているが、その中に一つとして真直な線や完全に平らな面はない。これに反して田園は直線をもって区画され、その間に点綴（てんてい）されている人家の屋根、壁等の全てが直線と平面とを基調とした図形である。

自然界には何故曲線ばかりが現われるか。その理由は簡単である。特別の理由なくして、偶然に直線が実現される確率は、その他の一般の曲線が実現される確率に比して無限に小さいからである。しからば人間は何故に直線を選ぶか。それが最も簡単な規則に従うという意味において、取扱いに最も便利だからである。

自然の創造物である人間の肉体もまた複雑微妙な曲線から構成されている。併し人間の精神は却って自然の奥深く探求することによって、その曲線的な外貌の中に潜む直線的な骨格を発見した。実際今日知られている自然法則の殆んど全部は、何等かの意味において直線的なものである。しかし更に奥深く進めば再び直線的でない自然の神髄に触れるのではなかろうか。ここに一つの問題、特に理論物理学の今後の問題があるのではなかろうか。

（昭和十五年）

詩と科学 ——こどもたちのために——

詩と科学、遠いようで近い。近いようで遠い。どうして遠いと思うのか。科学はきびしい先生のようだ。いいかげんな返事はできない。こみ入った実験をたんねんにやらねばならぬ。むつかしい数学も勉強しなければならぬ。詩はやさしいお母さんだ。どんな勝手なことをいっても、たいていは聞いて下さる。詩の世界にはどんな美しい花でもある。どんなにおいしい果物でもある。

しかし何だか近いようにも思われる。どうしてだろうか。出発点が同じだからだ。どちらも自然を見ること、聞くことからはじまる。薔薇の花の香をかぎ、その美しさをたたえる気持と、花の形状をしらべようとする気持の間には、大きな隔たりはない。しかし、薔薇の詩をつくるのと顕微鏡を持出すのとでは、もう方向がちがっている。科学はどんどん進歩して、たくさんの専門にわかれてしまった。いろんな器械がごちゃごちゃに並んでいる実験室、わけの分らぬ数式がどこまでもつづく書物、もうそこには詩の影も形も見えない。科学者とはつまり詩を忘れた人である。詩を失った人である。そんなふうに見える。

そんなら一度失った詩は、もはや科学の世界にはもどって来ないのだろうか。詩というものは気まぐれなものである。ここにあるだろうと思って一しょうけんめいにさがしても、詩が見つかるとは限らないのである。ごみごみした実験室の片隅で、科学者はときどき思いがけなく詩を発見するのである。しろうと目にはちっとも面白くない数式の中に、専門家は目に見える花よりもずっと美しい自然の姿を、ありありとみとめるのである。しかし、すべての科学者がかくされた自然の詩に気がつくとは限らない。科学の奥底にふたたび自然の美を見出すことは、むしろ少数のすぐれた学者にだけ許された特権であるかも知れない。ただし幸いなことに、一人の人によって見つけられた詩は、いくらでも多くの人にわけることができるのである。

いずれにしても、詩と科学とは同じところから出発したばかりではなく、行きつく先も実は同じなのではなかろうか。そしてそれが遠くはなれているように思われるのは、途中の道筋だけに目をつけるからではなかろうか。どちらの道でも、ずっと先の方までたどって行きさえすれば、だんだん近よってくるのではなかろうか。それればかりではない。二つの道はときどき思いがけなく交差することさえあるのである。

（昭和二十一年）

痴人の夢

夢を描いてばかりいるのは痴人であるといわれる。しかしまた、「痴人の前に夢を説かず」ともいう。そうすると他人の夢には耳を傾けるが、自分の夢を持たないのが賢人なのであろうか。賢人でなくてもよいから、自分の夢を持ち、人の夢を認める雅量を持った人間でありたいと思う。

白昼夢を見るのが異常であっても、夜寝て夢を見るのは当り前のことである。寝て見る夢は、自分の知らない自分を教えてくれる。したがって他人には面白くなくても自分には面白い。フロイト以来、他人の夢も学問の対象としてさかんに研究されるようになった。いずれにしても、各人が自分ではよく知らない自分を持っているということは、大変面白いことである。面白いばかりでなく、たいへん重大なことでもある。この点を各人がもっとよく考えると、世の中はもっと面白くなり、もっと良くなりそうに思われる。

平生無口な人が酒をのむと急におしゃべりになる。抑圧がなくなったのだといって見ても、抑圧していたのも自分であり、抑圧されていたのも自分であることに変りはない。ジーキルとハイドの二面性を全然持たない人はなさそうに見える。両面がその時々で際立って(きわだ)あらわれると異常に感ぜられるだけであろう。

自分の知らない自分の中にどんなものが潜んでいるか、はっきりとはわからないのが当り前である。その中には良いものもあるであろうし、悪いものもあるであろう。良いとか悪いとかいう判断は誰がするのか。自分の知っている自分がするように思っているが、果してそうか。

自分の中に自分の知らないものがあるというところに、人間性の解放という問題の重要さがあると同時にむつかしさもある。解放はして見ても、解放されてあばれ出したものを、自分で制御する力がなかったら、酔っぱらった人間みたいになってしまう。解放されようとする自分に対して、それを抑圧しようとする自分の力が余り強すぎると、全く面白くない人間になってしまう。

人間が子供から大人になってゆく経過は、酔っぱらった人間が面白くない人間に変ってゆく過程とちょっと似ている。自分で自分を制御する力の弱い人の方が無邪気に見える間は、無邪気でない人に対するよりも親近感を感ずる。しかしそれが度を越すと、厄介者になってくる。野獣的に見えることがある。機械に似てくることもある。

自然物に近づいてくることもある。

人間が自分の知らない自分を持っているということは、自分の知らない過去、忘れてしまった過去を背負っているということでもある。その中には今日の人間にとって不必要なものがたくさんあるようである。不必要なばかりか邪魔になるものがあるようである。残忍性というようなものも、人間が人間に進化する以前において、種族保存のために必要であったのかも知れない。人間が人間になってからも残忍性が、いろいろな形で利用されてきた。昔の残忍な刑罰は、今から見ると単に嫌悪すべきもの、排斥すべきものとしか思われないが、その時代の多くの人には必要と思われていたかも知れない。現代人の中でも、残忍性の残存の程度や仕方はいろいろある。子供の時代に動物虐待に興味を持った人もあり、子供の時代からそれを嫌悪した人もある。大人になると残忍性は一応抑圧されているが、時々それが外に現われることがある。

今いった例などは実は非常に簡単な場合である。人間が自分の中に過去を背負っている仕方は一般には非常に複雑である。自分の知っている自分にとって非常にもっともな、筋の通った行動と思っているのが、実は自分の知らない自分の操るままに、ロボットのように行動していることであったりする。他人から見ると非常に奇妙であるが、当人は一生気づかずじまいという場合も少なくない。各人がそれぞれ何ほどか奇妙な点を持っているのが人間である、ともいえる。人間それぞれが幸福を求めている以上、その手段としての金銭にある程度の執着を持つことは、全くもっともなことである。しかし、手段がいつの間にか目的になってしまっても、当人は気づかずにいる場合が多い。自分では合理的に行動しているつもりが、いつの間にか何物かの奴隷になってしまっていることが珍しくない。

自分の背負っているものが自分の知っている過去および自分の知らない過去の蓄積であり遺物であると考えることは、決して愉快なことではない。背負っている荷物を全部捨てることができないとわかれば、尚更それが重荷になる。生命に対する執着は一番古くから背負ってきた荷物であろう。この荷物は滅多に捨てられぬ。名誉心や嫉妬心となると、もっと新しい荷物であるが、この方がもっともっと捨てにくい。捨てたつもりでいても、いつの間にか形を変えてつきまとっている。捨てても捨てても、そういうものにつきまとわれているところに、人間の人間らしさがあるかも知れない。重荷だと思って捨ててしまって、初めてそれが実は自分を推進する原動力であったことに気がつくこともあろう。

人間は過去を背負っているといっても、喜怒哀楽はそこに巣くっているのであるから、人間の幸福という問題もそこを離れることができない。そればかりではない。自分の中に潜んでいるのは過去ばかりではない。過去・現在・未来という区別を超えて、永遠性を持ったものも確かにある。人間の理性といわれるものも人間の歴史の中の産物である。しかし理性の認める真理の中には、時間を超えたものがある。理性の特質は、それが自分の知っている自分の中に顕在している点にある。しかし理性を活発に働かせる原動力は、自分のよく知らないところに潜在しているようである。特に人間の創造的活動といわれるものは、合理性だけではどうしても片づけられない。そこでは想像力が重要な役割を演じる。

想像力ということになると、そこに未来が立ちあらわれる可能性が開かれてくる。人間が現実にないこと、過去にもなかったであろうことを想像する能力を持っていることは、人間にとって一番嬉しいことのはずだと思う。機械が段々発達すると、人間の頭脳の代りをしてくれる機械もできてくる。機械の理性が人間の理性よりもずっと能率的に働くようになることは十分考えられる。しかし機械は想像を逞しくすることはないであろう。もしも機械が想像し始めたら、人間は機械が狂ったといって廃棄してしまうであろう。

そんなわけで、私は起きている時でも夢を見る痴人であることに甘んじてよいと思っている。

（昭和三十年）

中谷さんの絵と私の短歌

私が中谷宇吉郎さんと親しくなった始まりは、昭和十五年に北大から講義を頼まれて、札幌へ行った時からである。それは、夏だったが、北海道の気候をよく知らなかった私は、普通の夏服と薄い下着しか用意していかなかった。そのために、講義を二、三回やっている間に、急性肺炎にかかってしまった。

その頃は、ズルファミン剤はあったけれども、ペニシリンなどはない時代だから、肺炎というのは、危険な病気だった。それで早速、北大病院に入院することになった。

当時、中谷さんのほかに、茅誠司さんも、やはり北大理学部の教授だった。このお二人が、いろいろと親身になって心配して下さった。病院で、ズルファミン剤などを飲んだり、いろいろ手あてをしてもらったりして、ようやく退院することができたのだが、しばらくは安静にしていなくてはならない。当時、私は阪神間に住んでいたのだが、札幌から大阪までの長い汽車の旅には、身体がまだ堪えられない状態だったので、中谷さんのお宅で一ヵ月ほど養生をさせて頂くことになった。そんなわけで、中谷さんにも、中谷さんの奥さんにも、ずいぶんお世話になった。それ以来、非常に親しくするようになった。その時に詠んだ歌のひとつが、

　　睡蓮の花盛りなる家に居て
　　　日永を「冬の華」に暮しつ

である。この「冬の華」というのは、雪を意味していて、中谷さんが前に出版された随筆集の題名でもあった。その頃、中谷さんは、さかんに雪の研究をしておられた。もうひとつ、

　　旅に病んで秋近き日の札幌の
　　　籠居（こもりい）に聞く馬の鈴の音

というのもある。いまでもそうなのかどうかは知らないが、当時は石炭を運ぶ馬車が札幌の街を走っていた。馬の首には鈴がつけてある。それが遠くの方で鳴るのが、聞こえてくる。中谷さんの家にいて、もうそろそろ古巣へ帰らなければと、郷愁を感じていた時に詠んだ歌である。

　その翌年だったと思うが、中谷さんが学士院賞を貰われた。その時にお祝いの歌を贈った。

　　ひとひらの十勝の雪を手にとりて

人住まぬ空の便りきくかも

その後も、よくあちこちで、いっしょに晩飯をたべた。そんな時、中谷さんは、いつも紙、墨、絵具、ハンコなどを用意しておられて、食事が終わると墨をすり、紙をひろげて、絵をかかれる。そこに花があれば花を、本があれば本を、その場にあるものを、そのまま墨や彩色で絵にされる。そして私に讃をしろといわれる。私は困りながら、歌か俳句を作って中谷さんの絵にいれる。こうして、二人で作ったものが、たくさんあるのだが、その一つ二つを書くと、

山荘の秋雨のやや静まりて
青き林檎にのこるひととき

雨がはげしく降る秋の夕に、東京のあるところで、中谷さんの他に、高嶺俊夫、仁科芳雄、藤岡由夫、須賀太郎の諸博士と、食事をいっしょにした後で、中谷さんが画かれたリンゴの絵にそえた歌である。

こんなことが、何度もあったのだが、ある時、小宮豊隆さんが仙台におられた頃だったが、仙台で学会があった。中谷さんもきておられて、小宮さんが借りておられた広いお家で、二、三の方といっしょに夕食を御馳走になった。食後、いろんな話をした後で、中谷さんが例によって絵を画かれた。小宮さんはそれに俳句をいれておられたが、私も、二つ三つ短歌をいれた。

椋鳥（むくどり）は帰りつくして広庭の
　欅（けやき）のうれにのこる夕映（ばえ）
つつじ白う咲ける籬（まがき）を郭公の
　うわさに暮るる夕（ゆうべ）なりけり

そんなわけで、中谷さんとの合作が、中谷さんのお宅や、友人たちの手許に大分あるんじゃないかと思う。中谷さんは、どんなものでも絵の題材にされたが、型にとらわれない、なかなか味わいのある絵をかかれた。

晩年、中谷さんは何度もグリーンランドへ行かれた。私によくグリーンランドの話をされたが、ずいぶん寒いところでもあるし、いまにして思えば、何度も行かれたのは、無理だったのではないかという気がする。しかし中谷さんは、静かに長生きするというタイプの方ではなくて、やりたいと思ったことには、どこまでも打ちこんでゆく人だった。少しぐらい無理だとわかっていても、自分が取りくんでいる研究は、どうしても止められないという気持だったのだろうと思う。

そうした意味では、早く亡くなられて、ほんとうに惜しい人ではあったが、自分がやりたいと思ったことを思う存分やって、一生を生き抜かれた、幸わせな人だったともいえるだろう。

中谷さんは物理学のなかでも、雪や、もっと広く低温物理学を研究の中心的なテーマにしておられたけれど、そのテーマに関連したものに対してだけではなくて、学問・芸術のいろいろな方面に、関心をもっておられた。特に随筆を得意としておられた。文学的な才能が豊かであったことは、もちろんだが、一つには、中谷さんが師事された、寺田寅彦先生の影響もあったのだろう。しかし寺田先生とはまた違った味をもっておられた。私にとっては、つき合っていて、いちばん楽しい友人の一人であった。

（昭和四十一年八月）

ハドソン河畔の秋

ニューヨークにもどって、ちょっと落着いたと思ったら、いつのまにかインディアン・サンマーも過ぎて、すっかり秋らしくなっていた。京都におれば、嵯峨野や真葛ケ原あたりを散歩するのに絶好の季節である。さりとてニューヨーク郊外の秋もまた、なかなか趣きがある。一体にアメリカの田園山野の景色は、広々として、人間の身体を標準にしたスケールでは度外れの、雄大な自然そのものを感じさせるのが普通である。日本のように人間の寸法にあった木や草が木造の家屋と一体となり、私ども人間自身をも逆に自然の中へとけこましてしまうのとはよほど様子が違う。それにアメリカでは空気が乾燥しているせいか、コケやシダなどの密生している所は少ない。

私の住みなれた京都の風物がかもし出す雰囲気の中には、さらにもう一つの要素がある。長い歴史を通じての人間のさまざまな営みが、自然の中に消すことのできない跡を残していることである。自然に親しむということが、同時に私どもより前に生きていた人々への親しみの気持によって、裏づけられているのである。アメリカにはそのような長い過去の記憶はない。その代り未来へのはつらつたる希望に生きている。こういう気分の相違は、日常生活のちょっとした礼儀作法にもあらわれている。晩のパーティーに招ばれていって、翌日あっても礼を言う人はほとんどない。言うとかえってもう一度催促することになって失礼だ、という極端な説さえある。帰りがけに十分礼を言えば、それでよいのである。現在から未来への生活の享受と開拓に、全力をそそごうとする気分の自然のあらわれである。私ども科学者から見ても至極当然の生活態度である。しかし、だからといって、人間にとって過去が無意味だと思うのは、浅はかである。

人間の記憶力というものは、何よりも現実の生活に、過去の経験を役立たせてゆくために存在するものであることは確かである。だからといって、人間の記憶力が私どもの胸に思い出をよみがえらせ、過ぎし日をなつかしむ気持をひきおこさせるものであることを、殊さらに否定する必要もない。それは人間に恵まれた美的感受性の一つのあらわれでもある。このような感受性は、新しいものよりも古典的な完成されたものへの、あこがれとなりやすい傾向を持っている。アメリカ文学には当然、現実生活をそれ自身として探究していこうとする傾向が特に強い。長い伝統へのつながりが、いつも意識されているヨーロッパや東洋の文学とは、そこでどうしても違ってくる。

アメリカにももちろん古典趣味の文化人が何人かいたのであろうが、大方忘れられてしまっている。

たとえば、私どもの学校時代の英語の教科書でおなじみの、ワシントン・アーヴィングのスケッチブックなど、今はあまりアメリカ人の口の端に上らぬ。彼が大文学者といわれるようなタイプの人でなかったことは確かである。極端にいえば、アメリカ文学の初期におけるイギリス文学の模倣時代の代表者に過ぎないかも知れない。しかしそんなことは、私にとってはどうでもよいことである。かえって明治初期、中期の文学に接するような親しさが感じられる。彼の作品のいたるところにただようメランコリーな雰囲気は十分魅力がある。

アメリカへきて間もなく、ニューヨーク・セントラル鉄道でロチェスター方面へ旅行した際、車窓からハドソン西岸のキャッツキルの山々を遠望して、リップ・ヴァン・ウィンクルの伝説をなつかしく思い出したことがある。その後またコロンビア大学の新しいサイクロトロンのあるアーヴィングトンまで自動車で往復するごとに、私は珍しく落着いた沿道の景色に、そこはかとないノスタルジアを感じていたが、アーヴィングトンという土地の名が、百年前に海のように洋々たるハドソンの流れを見下す邸宅で晩年を送ったアーヴィングを記念するものであることを知ったのは、最近のことである。そう思って見るせいか、彼がさまざまな空想をたくましくしながら、好んで逍遥したハドソン東岸の林や丘は、今もなお、ややメランコリーな雰囲気を保持している。

黄に紅に木々がとりどりの粧いをこらしている日曜日の午後、久しぶりで友人の自動車に同乗し、アーヴィングの物語に因んだスリーピー・ホローの名の残る、さびしい低い丘陵地帯をぐるぐるまわった末、一七世紀の終りごろに、オランダ移民中の有力者フィリップスの建てた邸を訪れた時分には、秋の日はやや傾いていた。昔はハドソン河がここまで入りこんで、オランダ船の荷物の積みおろしをしていたというこのあたりも、今は小さな池と、ささやかな流れを残すばかりであるが、水に映る柳の影も動かぬほど、ゆるやかにまわっている水車は、昔のままに粉をひいている。

インディアン、オランダ人(びと)は今いづこ水車はゆるくめぐる歳月(としつき)

二百六十年といえばヨーロッパや東洋の歴史から見れば、そんなに長い歳月ではない。しかしその間にインディアンは去り、それにとって代ったオランダ人も、やがてイギリス人に主導権を譲った。ロバート・フルトンが初めてハドソン河を蒸気船で航行したのも、今は昔の物語となった。河口のニューヨークの港に、世界各国の人々が次第に集り、国際連合の本部のできた今日は、名実ともに世界の中心となってしまった。このオランダ邸の壁が特に厚く、壁に今もかかっている重い鉄砲も、インディアンの襲撃に備えるものであったこと、今はこの邸もロックフェラーの援助で旧態を保存していることなど、案内人の説明を聞いていると、地球上における変転極まりない人間の歴史の一こまが、ここにも大写しされていることを痛感するのである。

一七七六年にアメリカ合衆国が独立する以前の、この国の歴史は十分詳しくは知られていない。コロンブスがアメリカ大陸を発見する以前のこととなると、なおさらわからない。しかし最近ニューヨーク州で発掘された石器時代のインディアンの遺物を、シカゴ大学の原子核研究所で調査した結果として、インディアンは約五千年も前から、この地に住んでいたことがわかった。どうして年代がわかったかというと、大気中では宇宙線によって、わずかではあるが絶えず放射性を持った炭素が作られつつある。この放射性炭素は約五千七百年の間に半減する。生きている植物は始終、大気中の炭酸ガスを摂取しつつあるから、通常の炭素の他に、わずかではあるが一定の割合で放射性炭素を含んでいる。ところが植物が死んで新陳代謝が止ると、放射性炭素は徐々に崩壊して減ってゆく。したがって木質の遺物の中の、炭素の放射能を測定すれば、その木が切られた年代が、相当な正確さで決定できることになるのである。今後この方法は考古学の研究に非常に役立つであろうことが期待される。

四十五億年の間に半分に減るウラニウムが、人住まぬ宇宙の長い歴史を見守る砂時計であったのに対して、五千七百年の半減期を持つ放射性炭素が、新たに人類の文化活動のタイム・キーパーとして登場してきたのである。地下に眠るウラニウム原子も、空気中でできた炭素原子も、地球上の有為転変、人間世界の栄枯盛衰には少しも影響されることなく、定められた速度で崩壊してゆく。炭素はゆるやかに、ウラニウムはさらにもっとゆるやかに。……

こんなことを考えながら、オランダ邸の各部屋を一まわりして庭に出た時には、あたりはすっかり暗くなって、今のぼったばかりの三日月が、柳と一緒に影を池に投じていた。ふと気がつくと、池の向うのハイウエーを走る自動車の音が耳に入ってきた。私はどこにいるのか、どんな時代に生きているのか。二十億年以上も地下に眠っていたウラニウムさえも、自然にその寿命を終る以前に破壊されずにはすまなかったのである。そしてそこには、人間にとって呼びさまされるかも知れないという思いがけない運命が待ちうけていたのである。

古柳池のかなたはハイウエー車のゆきき絶ゆる時なく

（昭和二十五年、ニューヨークにて）

不思議な町

いつのまにか見知らぬ町にきている。そういう夢を若い時には、よく見た。その後、国内国外のいろいろなところを訪れたが、いつも多少の予備知識に基づく予想があった。それと全く違った世界の中に入ったという感じがすることは滅多になかった。そういう経験が積みかさねられてゆくのに伴って、少なくともこの狭い日本で、若い時の夢に見たような不思議な町にめぐりあうことは、もはやないであろうと、あきらめかけていた。

去年の秋、九州大学で講義することになったついでに、柳川へも寄る予定をきめた時にも、予想に反するだろうという予想をしていたわけではなかった。いつか見た水郷柳川の写真集と北原白秋の「水の構図」の文章のかすかな記憶を手がかりに形づくられていたイメージと、多く異なるところがなくても、それで満足すべきだと思っていたのである。

福岡市を昼すぎに出た車が柳川に着いたのは午後三時ごろであったろうか。掘割の上に朱塗の橋と白っぽいコンクリートの橋が並んでかかっていた。橋を渡るとそこに船が待っていた。橋のたもとの古びた三階建の入口には、白秋の詩に出てくる懐月楼であると記されていた。しかし、このあたり一帯の光景は、秋のひるさがりの日ざしの中でしらじらとしていた。九大の旧知の人たち数人といっしょに底の平らな小舟に乗りこんだ時には、私は前途に多くの期待をもたなくなっていた。

船頭は棹をさしながら、意外にも、この舟はガラス繊維でできているという。舟が両岸の柳の影の中を少し進んでゆくと、あたりは急に静かになっていた。みどり色によどんだ水に接して両側に並んでいる家々からは、物音ひとつしない。人のいる気配さえない。掘割は幾曲りしながら、どこまでも続く。坐っている私たちの頭上すれすれに、橋の下を何度もくぐり抜ける。名も知らぬいろいろの水草をかきわけて舟はゆく。ところどころに薄紫の花が浮んでいる。

橋ぎはの醬油並倉（なみくら）に西日さし水路は埋むウオーター・ヒヤシンスの花

という白秋の歌そのままの光景である。

二十年ほど前、ヴェニスの運河をゴンドラで幾曲りした時には、水に接した家の一つから音楽が聞えてきた。橋の上を通る人、上から見下す人の姿が眼前を去来した。それともことかわって、ここは完全に静寂が支配している。ここに生まれ育った白秋の鋭く、豊かで多様な感覚の世界とは、まさに対蹠的である。

こんな思いにふけっている間に、舟は殿の倉の白壁を右に見て狭い掘割の方へと曲ろうとする。その入口となっている低い橋の下をくぐり抜けると、あたりの様子は一変する。両側の路を人や自転車が往来している。舟からあがった一瞬、現実世界に戻ったと感じた。しかし、そうではなかったことが、すぐにわかった。ここは沖の端というところである。すぐそこまで有明海が入りこんでいる。それだのに磯の香はしてこない。路ばたで魚を売っている。みやげものを売る店もある。人の営みがそこに見られる。しかし、不思議なことに、それらすべてと私との間には何のつながりもない。さっきの静寂は夢ではなかった。今こそ夢の中の見知らぬ町に入ったのである。

少し歩くと、なまこ塀の白秋の生家である。朱塗の角樽が三つ並んでいる。その傍のガラスコップにさしたからたちの小枝は大きな実を一つつけている。古い柱時計の振子が動いている。私の少年の日の時間を刻んでいる。ここには別の空間があり、別の時間がある。家を出て帰去来の詩碑のあたりまで歩いてゆくにつれて、別の世界の中にいるという感じは、ますます深まってゆく。どういうわけであろうか。『邪宗門』や『思ひ出』に対する異国的というような形容詞も、この感じの適切な表現ではない。

化石した町などという言葉もあたらない。町が化石したのではない。こちらが魔法にかかっているのである。長い時間うろうろしていたら、魔法がとけて、この感じはなくなってしまうかも知れない。それは惜しい。そう思って私は足早に、もときた路を戻って旧藩主立花氏の別邸まで行った。そこの古い庭園でさえも現実世界に近すぎた。あたりは暗くなっていた。西鉄の柳川駅で福岡ゆきの電車を待っていた。人影はまばらであった。それは幻のようであった。さっきの感じが、またよみがえってきたのである。

この感じを私は京都までだいじに持ちかえった。急いで白秋の詩や歌や文章を読んだ。前よりずっとよくわかった。白秋は天才だという感じを深くした。しかし、その中から私が沖の端で抱いた奇妙な感じはついに出てこなかった。

（一九七五年二月）

やまびこ

　それはおととしの秋のことである。私たちの乗ったタクシーは、広島市から西北に向って太田川の北岸をさかのぼっていた。運転台のラジオがつけっぱなしになっていた。そこから「縁側文庫」という言葉が聞えてきた。どこかの町か村の一軒の家に取材に出かけたアナウンサーとその家の主婦の問答の中に出てきたのである。そこが小さな図書館になっていて、近所の人が本を借りにきて縁側で読む。それが名前の由来らしい。のどかな情景が目に浮んでくる。タクシーが川に沿って何度も曲るうちに、だんだんと山ふところへ入ってゆく。ラジオは、まだ鳴り続ける。「お月さんひとりぽち」という童謡の楽譜をさがしていると主婦はいう。西条八十の作詞で本間長世の作曲だという。そんな歌を私も聞いたことがあるような気がする。何しろ遠い昔のことであるから確かでない。車は同じような店が両側に並んだ小さな町をいくつも通り抜けた。着いたところが加計(かけ)という町の大きな家の前であった。

どうしてここへ来ることになったのか。鈴木三重吉の『山彦』の舞台だということを、ある放送局のAという人が教えてくれた。折よくある出版社から広島で講演するよう頼まれたのを機会にここまで足をのばしたわけである。

私の同級生で親友の加計正文君の広島県加計町の実家に遊び、庭園として有名な同家の山荘にゐたとき、加計君が或部屋の押入の中の天井を指し、この中に古い手紙が一と束ある。子供のときに一度こはごは出して見たことがあるといふ。試みに私が天井板をずらして手を入れて探るとジヤリ〳〵といふ砂塵と鼠の糞と一しよに古い手紙の束が出た。どこかの田舎女郎から来たらしい金釘流の文字の羅列で、ろくに読みもしないで納めておいた。『山彦』は手紙からヒントを得た外、すべての細部にわたり全然純空想の作である。

と三重吉が書いているのを、この時はまだ知らなかった私は、あたりを見まわしたが、大きな榎の木がないのをいぶかった。本道から右に折れた細い坂路をあがってゆくと、吉水園と書かれた山荘に突きあたる。座敷から二、三段高くなった茶席がある。古い手紙の束はここから出てきたという。見おろすと今きた道がはるか下の方にひろがっている。後にせまる山からかけひで引いてきた水がよいので吉水園の名があるという。

裏へまわって飲んでみたら大変おいしかった。庭には大きな木が何本も茂って、池に影をおとしている。そのまわりを歩いていると赤とんぼが出てきて飛びかう。山里の静けさである。本道に沿った加計氏の本宅へ戻ってきた。正文氏から慎太郎氏へと代が換っている。家も建てかえられて当時とは違っているという。ここからずっと山を入ってゆくと三段峡である。

脚があまり丈夫でなくなった私は途中で引き返す。同行のF教授は出版社の人と奥へ入っていった。この辺一帯の山のあちらこちらに加計氏は山小屋を建てている。その一つのいろり端に坐りこむ。たそがれが近づいて空気が冷えびえとしてきた。いろりに薪をくべる。

人はなぜ小説をつくるのか。またそれを面白がって読むのか。人間は人間の世界に興味を持つ。人間が点景として描かれているだけでは小説にならない。三重吉の『千鳥』も『山彦』も『鳥物語』もそういう意味では、ほとんど小説の体をなしていない。それにもかかわらず、もっと後に彼が書いた、もっと小説らしい小説よりも、はるかにすぐれている。小説をやめて童話を書いたが、それよりずっといい。こういう世界が、この世の一隅に本当にあったらそこへ行ってみたい。私は長年そう思っていた。来てみたらそこにはなかった。桃花流水、窅然(ようぜん)として去る。別に天地の人間にあらざるあり。そこには三重吉の虚構の世界ともまた別の天地がある。そんなことを考えていた。気がついたらあたりは暗くなっていた。山姥が出てきて舞いそうな感じである。大きな声を出したら、四方から山彦が返ってきそうである。

（一九七五年三月）

第4章　科学と人間——科学から人間を想う

一科学者の人生観

年の暮れになると、あわただしい空気の中にありながらも静かに過去を反省し、来るべき年にそこはかとない期待をかけたい気分になる。人生とは何かという問いは、すでに何回となく自分自身に対して発せられ、そのときどきの年齢や環境などに応じて、何らかの答えを自分で与えてきた。年末年始の数日間は、この種の自問自答には最も適当な時でもある。ずっと若いころに自分の与えた答えと、四十を越してからの答えとをくらべてみると、自分がいつのまにか思いのほか現実的、常識的になっていることを見出して、さびしくなってくる。およそ人間がある人生観を持つということは、何か自分にとって絶対確実だと思われる拠点を見出すことであると普通に考えられている。しかし、そういうものは容易に見出せないばかりでなく、たとえ一時は見出し得たと思っても、時がたつとまたいろいろな疑いが起ってくるのが常である。それに伴って人生観も変化してゆく。実際私自身も人並みにそういう経験をしてきた。

ところが私の場合には、人生観という問題とは直接関係のない経験が、これと並行して蓄積されていった。それは私の科学者としての経験である。もちろん両者はもともと全然無関係とはいえなかった。科学者になろうと志し、科学の道を今日まで歩みつづけているということは、少なくともそれが私の人生観と矛盾していないことを意味する。しかし私が科学の世界の中で考えていることは、人間ばなれのしたきわめて抽象的な事柄であって、それは私の人生観とは一応切りはなされていたはずなのである。

ところがこのごろになってつらつらと考えてみると、私が抽象的な科学の世界の中で教えられ、あるいは自ら学びとった考え方が、いつの間にか私の人生観にも根本的な影響を及ぼしているのである。「四十を越してから自分がいつの間にか現実的、常識的になっているのを見出した」といったのも、このことに関係がある。この点をもう少し詳しく述べてみよう。

私が科学の研究を通じて学びとったのは、間接論法とでもいうべき考え方である。私がある原理、ある法則を正しいらしいとか、あるいは正しくないらしいとか感じたとしよう。そしてそれが絶対確実かどうか直接判定することは困難だったとしよう。そういう場合に不確実だからといって捨ててしまうか、あるいは強引に絶対確実と信じこんでしまうかのどちらかの極端へいってしまえば、私はもう科学者でなくなってしまう。そういう場合、科学者のすることは、その原理ないし法則を一応認め、それから出発して通常の論理にしたがってできるだけ多くの結論を引出し、それを事実にてらして正否を判断するという常用手段である。もしも結論が全部正しいことがわかったら、出発点にとった原理ないし法則も正しいと認めてよいというのが、私のいわゆる間接論法である。

ところが私どもの科学者としての経験からすると、あらゆる場合に正しい結論が得られるような原理は、いままで一つもなかったのである。ある範囲の事柄には常に正しいことが保証された原理はいくつも知っている。しかしその範囲を逸脱した新しい事実に直面すると、既成の原理は無力になるか、あるいは誤った結論しか導き出し得ない。こういうことを私どもは二〇世紀になってからたびたび経験してきた。

こんなふうにいうと、私どもの落着く先は結局単なる懐疑主義だと早合点されるかもしれないが、決してそうではない。一つの原理の適用限界がわかったときに、科学者はより広い範囲に適用され得る原理を見つけだそうと努力する。私どもはまだ知らないけれども、より包括的な原理が存在することを信じているのである。

以上のような考え方の筋道に慣らされてきた私は、人生とは何かという問いに対しても、年とともにだんだんと違った答えをみずからに与えるようになってきた。この数年来の私の人生観の出発点は、自分が生きて喜び悲しんでいると同時に、自分のほかにも非常に多くの自分によく似た、しかしまた違ったところもある人たちが生きて喜び悲しんでいるということである。それはわかりきったことで、そんなことから出発しても何の結論もでないといわれるかもしれない。確かにそれは科学でいう原理などとは似ても似つかぬものである。古来の聖賢はそのようなわかりきったことはいわなかった。人の心を根底からゆり動かすようなことをいったのである。私は科学以外のことでは何ら人よりすぐれた点はない。自分にも平凡な幸福がほしいと思うし、他の人たちにも幸福が訪れるように念願しているだけである。この狭い地球上で、数多くの人間が仲よく暮すことがどんなにむつかしいか、毎日毎日思い知らされている。そして人々がそれぞれ違った原理を、それぞれ絶対確実なことと信じて行動することが、いかに危険なことであるかをも思い知らされている。自分があまり現実的、常識的になったのをさびしく感じるというのも、このことである。

（昭和二十九年）

江戸時代の科学者

江戸時代の二百数十年間に、ひじょうに数多くの、そしていろいろタイプの違った学者が出現したことを、わたしたちは知っている。それらを荒っぽく分けると、漢学系統の学者、国学系統の学者、洋学系統の学者の三種類になる。もちろん、この三種類のどれか一つに収め切れない学者もたくさんある。特に純粋の洋学者というべき人はほとんどない。たいていは漢学の素養を十分身につけた人たちであった。

ところで、こういう単純な分類法を採用すると、科学者というのは、どこへ持っていったらよいのか。今日の通念では、江戸時代の科学者といえば、洋学の影響を受けた人たちに限られているらしい。そう思われている理由の一つは、科学という概念を一七世紀以後の近代科学と同定してしまったからである。そうすれば当然、洋学と無関係に日本から科学者は出現し得なかったことになるわけである。しかし、こういう考え方にわたしは賛成できない。西洋の近代以前には、どこにも科学がなかったというのは、科学に対するあまりにも狭い見方である。古代ギリシャには科学はなかった、中国には科学がなかったというのは、ひじょうにおかしい。話を自然科学に限ることにすると、人類はその長い歴史の中で、自然的世界の中に潜む、それまで未知であった事実や法則を発見するという知的活動を続けてきた。それによって蓄積された知識は、一方ではおそかれ早かれ人類の共有財産となり得るところのものであった。しかし他方では、既得の知識のほかに、さらに新たに発見さるべき真理が、まだ自然界に潜んでいる。そういう意識を持って、創造的活動をしてきた人こそ科学者と呼ばれるべきであった。そういう意味の科学者となるためには、それぞれの時点において、まず相当量の知識を習得しておく必要があった。特に一七世紀における近代科学の成立以後の時点において、科学者になろうとする人にとっては、学習すべき知識の体系は、それ以前とは比較にならないほど内容が豊かで、しかも確実性の大きなものとなっていた。江戸時代のある時期以後の人たちにとって、洋学を学ぶことが科学者となるための前提条件となったのは、けだし当然のことであった。そういう意味で『解体新書』や『舎密開宗』（せいみかいそう）などの翻訳が、その後の日本における科学の発達に、ひじょうに大きな役割を果したことは確かである。しかし、すでに述べたように、既存の知識の学習は科学者としての創造的活動を開始するための必要条件にすぎない。そして学習すべき既存の知識が何であるかは、その人の置かれた時代や環境によって大いに違っていた。従ってまた、その人の科学者としての活動の仕方も大いに違っていたわけである。たとえば江戸前期の関孝和について考えてみよう。彼が独創的な数学者であったことは、誰も否定しないであろう。数学を科学の中に入れるべきかどうかについては、いろいろな意見があるであろう。それについて、ここで立ち入った議論はしないことにする。ただ結論的に、わたしは数学を科学の中に入れてよいと思っている、とだけいっておきたい。彼は中国の数学の伝統を受けついだ和算を、大きく発展させた人である。彼の時代には日本はすでに鎖国状態にあり、西洋数学の影響は彼には及んでこなかった。彼を頂点とする和算は、経験科学の諸分野とは全く無関係で、計算術としてだけ高度に発達したものであることが、従来はひじょうに強調されてきた。しかし関孝和自身は天文学にも大いに関心を持ち、その方面にすぐれた著述のあることが、今日では明らかになっている。中国や日本の天文学の中心的な課題は、正確な暦をつくることであった。ちょうど彼の時代には、日本で古代から使われてきた宣明暦の不正確なことが、大いに問題になっていた。より正確な暦をつくるには、より精密な数値計算が必要であった。そのことと、彼が直線や円から成る幾何学的な図形に関する数量的な関係を細かく計算しようとしたことや、あるいは数値係数を持つ代数方程式の解を、ひじょうによい近似で求める方法を開発したこととは、無関係でなかったと推定されている。ここに近代的な精密科学への一つの足がかりがあったとも見られる。しかし、ここで明らかに欠如していたのは、個々の数値方程式を解くということの背後にある、一般の方程式を解く一般的方法の発見への志向であった。それは天文学の側において太陽や月や惑星や恒星系の地球に対する位置を正確に決定し、日食や月食の予測をしようと努力した反面、それらの天体の運動に関する一般的法則を発見しようという観点が欠如していたことに対応していた。そういう状況の中では、地上の諸物体の運動と天体の運動とに共通する法則を見つけだすなどというのは、思いもよらぬことであった。そういう意味では彼と同時代のニュートンとの間の隔たりは、ひじょうに大きかった。しかし、それにもかかわらず関孝和は、すでに述べた規準に照らせば、すぐれた科学者であったといえよう。

それから一世紀後の、江戸中期に三浦梅園が出現する。彼もまた天体現象にひじょうな関心を持ち、自分で天球儀をつくったりしている。しかし彼は数学そのものには、あまり興味を持っていなかったように見える。その代り、天上、地上の諸現象のすべてを貫く条理なるものがあると考え、それを明らかにしようと努力した。その場合、彼のいうところの条理が正しいかどうかを判定するよりどころは、自然現象自身の中に求めるべきことを、くりかえし強調している。ここにもまた関孝和の場合とは違った方向からの、物理学への足がかりが見出される。しかし、ここでは自然法則を物理的諸量の間の数学的関係として表現するという、決定的な一歩が踏みだされていない。

かくして彼はひじょうに強靭で独創的な思考能力を持っていたにもかかわらず、自然哲学の域を脱することができなかった。彼の場合は関孝和の場合と違って、西洋の科学の影響が全くなかったわけではない。しかし、それは少なすぎたし、またそれを受けるのが遅すぎた。彼の思索の原点は中国流の陰陽二元論であった。それを彼独自の仕方で展開していったとはいえ、それから完全に離脱することができなかった。彼にとって地動説さえもが、結局は納得できないままにとどまった理由も、その辺にあった。

梅園はしかし、彼より半世紀の後に、同じ大分県に生まれた帆足万里に大きな影響をあたえた。梅園の時代と違って、万里は科学に関する多くのオランダ語の書物を手に入れ、またそれを読解できるようになっていた。彼はそれらを参考にして『窮理通』をつくった。まだそこには彼独自の研究成果が含まれていたわけではない。しかし、それは一冊の洋書の翻訳という域を越えて、当時としては十分新味のある、一種の科学概論となっていた。梅園とちがって、万里には物理学や関連諸科学にとって数学が重要なことは明らかであった。彼が天文学の計算を、最初は和算によって行うことを試みたといわれているのは、いろいろな意味で興味がある。

いずれにしても江戸時代の後期に入ってから、西洋の科学を紹介するための活動は急速に盛んになってゆく。そしてさらに、明治時代の初期に西洋の諸科学の全面的な移植が行われるようになることは、周知の通りである。しかし日本から近代科学に関する独創的な研究が生まれてくるまでには、相当の年月が必要であった。そういう意味での科学者が出現し始めるのは明治二十年代であったと見てよいであろう。

わたし自身は明治の末期に生まれ、大正の末年に物理学の道に入る気持をはっきりと持つようになった。その際、自分が物理学の進歩に何がしかの貢献をする可能性があることを疑わなかった。しかし、それは明治初期の人たちにとって自明のことであったかどうか。わたしの知っている一例として、長岡半太郎博士の場合がある。彼は明治二十年、東京帝国大学に入学して間もない時点において、日本人、あるいはもう少し広く東洋人が科学者として独創的な研究を成就できる素質を持っているかどうかについて、疑いを抱いた。そこで彼は思い切って一年間休学して、中国古典を調べ、そこにいくつも科学的発見が記載されているのを確かめ、安心して物理学の道に入っていった。わたしがそういう疑いを持たずにすんだのは、一つには長岡博士その他多くのすぐれた物理学者が、すでに日本から出ていたからである。科学者の場合においても、知識の授受を越えて、先人が後人に影響をあたえるという側面を軽視することはできないのである。

（昭和五十年）

科学文明の中の人間

第二の自然

私は冬が好きである。身体は無精になるが、頭は夏ほどぼけないからである。適度の寒さが脳細胞の活動に必要な刺激をあたえてくれるのであろう。「夏日おそるべし、冬日愛すべし」という中国の古い言葉の意味はよく知らないが、それを自分流に解釈して愛誦している。

山に囲まれた京都の町は、冬になると底冷えはするが、風は静かになる。台風の心配もない。冬になっても、多くの草木は緑の葉をつけている。苔(こけ)も枯れずに地面をおおっている。私が外国へゆく場合、訪れるのは大抵、ヨーロッパやアメリカの中でも中部以北である。そこでは冬は索莫としている。灰色の空の下に、葉の落ちつくした木々が黒い幹を露出している。夏の太陽を待ちこがれる西洋人にとっては、冬日は早く去ってほしく、夏日こそ愛すべきものであろう。

冬日を愛するといっても、以前には寒さが皮膚にあたえる不快感を辛抱しなければならなかった。しかし近ごろは、暖冬の年がつづいたり、部屋全体、あるいは少なくとも身体だけはあたためるためのいろいろな設備が発達、普及してきたので、やせ我慢でなしに、素直に冬日を愛することができるようになった。火鉢に手をかざし、すきま風に身をちぢめる人の目にはきびしく感じられた冬景色も、電熱のコタツに入っている人には、ずっとおだやかに思われるであろう。これも全く科学文明のおかげに違いない。

その代り現代の人間と自然との間には、へだたりができた。科学文明は人間の生活を快適にしてくれると同時に、人間と自然との間にわりこんできて、両者が直接に接触する機会を少なくする。十数年前、ニューヨークの町なかのアパートで暮していた時、そういう感じを深くした。コンクリートの壁に囲まれ、舗装された道路の上ばかり歩いていると、土が恋しくなる。草木の茂った庭がなつかしくなる。

科学文明の発達していなかった遠い昔でも、自然的環境の人工的変更を好まない人たちがいた。東洋では老子や荘子などが、そういう考えの代表者であった。その後も「自然に帰れ」という主張は、洋の東西を問わず、文明の発展のいろいろな段階で繰返し現われた。どの時代をとってみても、人々の心のどこかには、文明が人間と自然の直接の接触を妨害しすぎることを好まない気持がひそんでいたのであろう。

しかし自然的な環境は本来、人間にとって何もかも都合よくできていたわけではなかった。自然は人間にとって愛すべきものであると同時に、おそるべきものでもあった。科学文明は苛酷な自然から人間を守るのに大きな貢献をしてきたのである。文明を捨てて自然に帰っても、自然は決して人間に甘い顔だけ見せることはないであろう。

それればかりではない。人類はおそかれ早かれ科学を生みだし、それを成長させてゆくべく運命づけられていたのである。古代ギリシャの学者たちがいなかったら、科学の発達はずっとおくれたであろう。近代の西欧の科学者たちがいなかったら、やはりそうであったろう。しかし、かりにそれらの人たちがいなかったとしても、科学はおそかれ早かれ、この地球上のどこかで生まれ成長したであろう。科学の発生や初期の成長には、いろいろと好適な条件がそろっていることが必要であったろう。しかし、それがある地域である程度まで成長し、それに伴って科学文明がある段階にまで発達すれば、それらは比較的容易に他の地域に移植あるいは伝達することができる。そうなれば水が高いところから低いところへひろがってゆくように、科学文明は地球上の全地域へおそかれ早かれ普及してゆくことになる。それはもはや逆もどしのできない、一方むきの動きである。

科学文明がそのような浸透力を持つ理由の一つは、それが本来、自然と別のものでないことにある。自然界のなかにもともと潜在していた、さまざまな可能性を人間が見つけだし、それを現実化した結果が科学文明にほかならない。文明とはいわば第二の自然である。人間の頭と手をへた第二の自然は、人間にとって都合のよいものと期待されていたのである。実際、第二の自然がなまの自然と人間との間に入ってきて、人間生活をより快適にしてくれた場合が多かったのである。

しかし、なまのままの自然が人間にとって愛すべきものであると同時におそるべきものであったように、第二の自然もまた愛すべく、おそるべきものであった。冷房装置が発達、普及すれば、夏の暑さが頭脳労働の能率を低下さすことも心配しなくてよくなるであろう。私自身も冬日と同じように夏日を愛するようになるだろう。その代り、第二の自然の方が愛すべく、またおそるべき当の相手となってきたのである。自動車を愛好すると同時に、交通事故をおそれなければならなくなってきた。原子力発電を望むと同時に、核爆発をおそれなければならなくなってきた。人間にとって都合よくできているはずの文明が、どうして天使と悪魔の二面相を持つことになったのであろうか。よくよく考えてみなければならないことである。

人間と機械

文明というものはありがたいものであり、迷惑なものでもある。いいことずくめというわけにはゆかないのは仕方がない。しかし迷惑をできるだけ少なくするための努力は必要であり、その重要性は今後ますます増大してゆくであろう。

医学のように人間の身体を研究の対象とする学問では、当然のこととして、早くからそういう配慮がなされてきた。ある薬がある病気に効能があると推定されても、すぐには人間には使われない。動物実験がまず行われ、そこで不適当と判断され、失格する場合が少なくない。失敗を早い段階ですますということは、医学ではしごく普通のことである。

ところが人体を直接の対象としない他の分野では、事情は大分ちがっている。典型的な例として物理学から工学へとつながってゆく方向を考えてみよう。この方向は末広がりに現代の科学文明の非常に大きな部分をカバーしている。エックス線や放射能の発見を出発点とする原子物理学の応用は、六十数年間に医学、工学その他いろいろな分野に枝わかれしつつ広がっていった。しかしエックス線や放射能が人体におよぼす影響の全貌が把握されるまでには、長い年月が経過した。初期の放射能の研究者の中の何人かは、長年の間にその悪影響を受け犠牲者となった。

もう少し違った例として、自動車の発達という場合を考えてみる。自動車の発明より以前の段階にまでさかのぼるのはやめよう。それは最初から交通機関として役立てようという実用的なものであった。エックス線や放射能のように人間社会とは無関係な純粋研究の中から生まれたものではなかった。しかし初期の段階ではスピードも小さく数も少なかったから、危険性は大した問題ではなかった。スピードを大きくするとか、乗り心地をよくするとかいう性能の向上が当面の問題であった。やがて大量生産の時代がきた。町をはしる自動車の数が急激にふえ、それに伴って交通事故もふえた。そこではじめて、安全性が重要問題として取りあげられることになった。工場からのガスや廃棄物による空気や水の汚染とか、地下水の工業的利用による地盤の低下というような問題も、工業がある段階にまで発展して後に重要視されだす。この段階になると問題は広範、深刻で、対策も大がかりになる。

人間社会の中に新しい、そして未知な要素をふくんだものを持ちこむことによって発展してゆくのが、科学文明の一つの重要な性格であってみれば、後の段階になって困ることが起るのは、ある程度までやむをえないかも知れない。しかし科学文明はもう一つの著しい性格をもっている。それは科学の合理性・普遍性に根ざしていることである。それによって後の段階での困り方を最小限に食いとめられるはずなのである。この点を少し立入って考えてみよう。

何事もやってみなければ結果は判らないというのなら、科学は成立しえないはずである。いくつかの場合について実際にやってみて結果が判れば、他の非常に多くの場合に対して、やってみなくても結果が推測できる。そういう事情があるところに科学が成立するのである。幸いにして私たちの生きているこの自然界は、そういう意味で科学を成立させるような仕組みになっているのである。

そういう事情があればこそ、ほとんど同じ性能の自動車を大量生産できたわけである。科学を成立させた事情は、同時に人間がいろいろなことを計画的にやれることを保障する条件でもあったのである。非常に多くの場合において自然は気まぐれではない。あらゆる場合において気まぐれでないかどうかの議論には、ここでは立入らないことにする。自動車が計画どおり作れたのは、その場合、確かに自然は気まぐれでなかったからである。交通事故が起るのはどうしてか。これを自然の気まぐれのせいにするわけにはいかない。少なくとも自動車の運動はいつの場合でも、物理学の法則どおりになっていることを疑う余地はない。それなら人間の方が気まぐれなためだろうか。

問題をこんな方向へもっていってしまうと、答えもあいまいにならざるをえない。人間が気まぐれかどうかはさておき、人間の能力に限界のあることは確かである。人間のもっているさまざまな機能の一つ一つを取りだしてみると、その中のいくつかは機械の方がすぐれているのである。とくに、人間が刺激に反応するのに要する時間を、ある限度より縮めることはむつかしい。反応が早いという点では、機械の方が遥かにすぐれている。電子計算機などは、その最もよく知られた例である。

科学文明が発達するにしたがって、人間は、よりすばやく反応する必要にせまられる。頭の回転を早くしなければならなくなる。それには明らかに限界があるばかりでなく、人間にとっては個々の刺激に対するすばやい反応よりも、もっと大切な能力がある。それは総合的な判断力ともいうべきものである。個別的な、すばやい反応の方はできるだけ機械にまかせて、総合的な判断に貴重な時間を使う。それが科学文明の中に生きる人間の一つのあり方であろう。

科学者と社会

役に立つ学問と、役に立ちそうもない学問とがある。実用ということが、はじめから考慮されている学問もあれば、真理のための真理の探究を旗じるしとする学問もある。自然科学の中では一口に「理学」といわれる中に入る分野が後者である。その中でも純粋数学が一番実用から縁が遠い。実際、私のような物理学をやっているものからみても、数学者は世の中の面倒なことにわずらわされ方が少なそうで、うらやましい。研究していることは確かに純粋物理学であっても、その成果の社会におよぼす影響がわかっている場合には、私たちも超然としているわけにはいかなくなる。私たちにとって、この上もなく居心地のよかったアカデミズムを、無条件で是認するわけにいかなくなってくる。科学者の社会的責任という問題が、私たちの頭の上にのしかかってくる。科学文明の中に生きている科学者にとって、それは所詮避けることのできない問題となってきた。

数学だけは違うと私も近ごろまで思っていた。ところが数学は役に立つということが、実社会で働いている人々の間で、最近になって急に広く認められるようになってきた。一番簡単で明瞭な変化は、いたるところで盛んに数字が使われだしたことであろう。言葉だけの表現では説得力が少なくなってきた。数字を入れたり、図表を入れたりする場合が急に多くなってきた。もちろん昔から初等的な数学は、人間社会で大いに役に立ってきた。私たちは買物をするたびに、算術のご厄介になっているが、あまりたびたびなので、そのありがた味を感じなくなっている。数学が役に立つとか立たぬとかいう場合、もう少し高等な数学を念頭に浮べているのである。ユークリッド幾何や初等代数が役に立っていると思う人は一体どのくらいあるだろうか。中学校時代、私は幾何も代数も非常に好きであった。役に立つから好きだったのではない。考えること自体に大きなよろこびを感じたのである。私は物理学者になったから、数学が大いに役に立った。一番役に立ったのは、いわゆる高等数学の部類に入る数学であった。高等数学の中にも、またいろいろな段階がある。私が大学生のころに勉強した数学は今日でも大いに役に立っている。しかし数学はそれから三十数年の間に、非常に進歩している。ますます抽象的になり、ますますむつかしくなってきた。そういう新しい数学と、私たち物理学者がしじゅう使っている数学とは、だんだん大きくはなれていった。もはやそういう現代数学は、物理学者にとってさえ、使いものにならなくなったのではないか。私などもそう思うようになっていた。

ところが、どうもそう決めこむわけにいかないことが、最近になってわかってきた。最も純粋な、最も高度に発達した、そして、最もむつかしい数学のある部分が、今日の理論物理学に役立つことがわかってきたのである。ニュートンの時代には、当時の最も高度な数学であり、ニュートン自身やライプニッツの生みだした微分・積分が物理学に役立った。そういう歴史がその後も何度も繰返されてきた。今日またそれが繰返されつつあるらしくみえる。ただし現代の高度な数学を使うことが、理論物理学にとってどこまで本質的な意味を持つかについては、いろいろ違った意見がありうる。私には私なりの意見があるが、それはさておき、少なくとも過去においては、数学は不思議なほど物理学に役立ってきたのである。どうしてそうなるのかは非常に面白い問題であるが、議論しだすと長くなるから、もう少し日常的な話に戻ることにしたいと思う。

近ごろ盛んに数字が使われるようになったといったが、その多くは、統計的な意味をもった数字である。野球の選手が何回の試合に出場して、何回打席につき、何本の安打を放ったか。その数字の一つ一つは間違いなくきめられる。しかしそれから打撃率を出せば、そこに明瞭な統計的な意味が加わってくる。打席についた回数が少なければ、意味が少なくなる。回数がふえると、率は大きく変るかも知れないからである。世論調査などについても、もちろんそういう点の配慮がなされている。統計のもつ意味とか信頼度とかを、はっきりさせようとすると、統計数学の知識が必要になってくる。数字が出ている場合の方が、出ていない場合よりは信頼性があるとさえも、一概にいうことはできない。ある選手が放った安打の数を間違いなく数えることは容易である。しかし、ある年に日本全国で取れた米の総量というような場合には、細かい数字のどのケタまでが間違いないのか。科学者が観測や実験によって数字を出した場合、同時にその信頼度をも明らかにしようとする。実験の誤差を評価してプラス・マイナスいくらという数字をつけ加える。ここでも統計数学が役立っているのである。

統計とか確率とかいうものは、あてになるような、ならないようなものである。科学が進歩し、科学文明が普及すれば、そういうあいまいなものは姿を消して、何事も絶対的な正確さできまってゆくはずだと思っていた人も多かったであろう。実際はその反対で、むしろ統計や確率が幅をきかすのが文明社会だとさえもいえる。保険に加入する人も、飛行機に乗る人も、自分で意識しなくても頭のどこかで、大まかな確率の評価をしているのである。核戦争が起るかどうかという現代の人類にとって決定的な問題に対しては、大まかな確率の評価さえむつかしい。起る確率を少なくするために、あらゆる努力をたゆまずつづけるほかないのである。

都会への人口集中

科学文明が発達するほど、人口が都会へ集中するのは、避けられない傾向なのだろうか。ヨーロッパでもアメリカでも、過去においてそういう傾向が著しかった。

現在の日本は、さらに一層激しい。人々が都会へ、そして特に大都会へと集ってくるのには、多くの理由がある。東京が巨大化しすぎ、阪神地区に人口が集中しすぎるのは、望ましくないことがわかっていても、人の流れを逆転さすことは容易でない。すでに多くの人たちによって、この困難な問題の解決策が検討されてきた。私のような素人がいまさら口出しすることもない。

しかし私には、一つだけ前々から大いに気になっていることがある。それだけをこの機会に述べてみたいと思うのである。人口が大都会へ集中するといっても、それはあらゆる種類の人たちの数が一様にふえてゆくことを意味していない。ある都会が政治の中心となれば、官庁で働こうとする人たちが、そこへ集ってくる。工業の中心ということになれば、会社で働こうとする人たちが集ってくる。政治と産業の両方の中心となれば、その都会へ集る人の種類もそれだけ多様になり、数も多くなる。それは当り前のことである。しかし、そういう都会へ、あらゆる種類の人が集ってくるのは、決して当り前のことではない。職業によっては、むしろそういうところへ集ってこない方が当り前と考えられる場合もある。科学者の場合はどうであろうか。

ヨーロッパには昔から、有名な大学を持つ都市が数多くあった。そういう中には、昔も今も比較的小さな都市で、立派な大学があるために、世界に知られているという場合がいくつもある。イギリスのケンブリッジやオックスフォード、ドイツのハイデルベルクやゲッチンゲン、イタリアのパドアやボロニア、その他、数え上げれば切りがないくらいである。アメリカの場合はもっと極端である。プリンストンの場合は町の名前も大学の名前も同じであるが、エール大学のあるニューヘヴン、カリフォルニア大学のあるバークレー、カリフォルニア工科大学のあるパサデナ、スタンフォード大学のあるパロアルトなどの場合は、大学の名前を知っていても、都市の名前は知らない人が多いであろう。

日本の場合は大分様子がちがう。立派な大学は大都会にあるものと、大体相場がきまっている。ヨーロッパには長い伝統があって、宗教的色彩の強かった小さな大学が、だんだんと近代化しつつ大きくなってきたのである。明治になって、それ以前の伝統とは別に、新しく作られたのが日本の大学であるから、立地条件がちがっていたわけである。同じヨーロッパの中でも、フランスのような近代的な学問の早くから進んでいた国で、おもだった学者がパリに集中しているという例もある。上にあげたアメリカの例にしても、大都市に近接した小都市だといえないこともない。

しかし全体としてみると、少なくとも次のような結論を引出すことはできる。大都会でなくても立派な大学が存在し発展しえた、大都会に住んでいなくても、学者はすぐれた研究をすることができた、という結論である。この結論は、さらに次のように拡張できる。大国に住んでいなくても学者は立派な仕事をなしとげることができた。二〇世紀の初めの二十数年間、物理学界の長老として世界中の物理学者たちから尊敬されていたローレンツは、オランダに生まれ、ライデン大学の教授として終始した。今日の物理学界において彼に相当するのはニールス・ボーアである。ボーアはデンマーク人であり、四十数年前からずっと、コペンハーゲン大学の教授である。

学者であろうとなかろうと、人間の価値は、その人が大国に住んでいるか小国に住んでいるか、あるいはまた、大都会に住んでいるかどうかには無関係である。その人の事情によって、居住地がどこかになっただけのことである。こんなことは、あまりにもわかりきっていて、いまさらいうのも、おかしいくらいである。ところが案外、私たちは知らず知らずの間に、ある人の価値を、その人の住んでいる場所と結びつけて評価している場合が多いのである。それというのも、一つには人間の本当の値打ちを知ることが、容易でないという事情によるものである。その人自身の値打ちがわかりにくいので、その代りにその人の属する集団に対する価値判断をする。その資料の一つが居住地ということになる。個人に対する判断を多数の人々の全体に対する一種の統計的推論で置きかえているわけである。それがあまり信頼のできないものであることを、私たちはつねに念頭におかねばならない。

このことと、大都会に人口が集中しすぎるということとの間には相関関係があるように思われる。しかし、そう思うのも一種の統計的推論で、その信頼度は私自身もうまく評価できない。

情報の整理

よかれあしかれ、刺激の多いのが文明社会の特徴の一つである。そこに生きる人々は一方では刺激が多すぎるのに悩まされ、他方では退屈をきらって新しい刺激を求める。そういう矛盾が科学文明の発展につれて、ますます深刻になってきた。人間が受けとる刺激にはさまざまな形態がある。寒風の中で手足が冷たいと感じる。満員電車の中で足をふまれて痛いと感じる。それらも刺激にちがいないが、今日私たちの受けとる刺激の中で、一口に情報といわれるものが、特に重要な意味をもっている。科学文明の発展によって、情報の量が非常に大きくなってきた。大きくなりすぎた。それが私たちの悩みのタネである。

目から耳から情報が入ってくる。新聞を読むことによって、テレビを見ることによって、情報が入ってくる。それはこの世界で起ったさまざまな出来事についての知識を供給してくれる。それらの出来事のほとんど全部が、ある読者、ある視聴者にとって、直接見聞することのできなかった出来事である。日本国内の遠隔地、あるいは遠い外国で起った出来事も報道される。

もともと人間が感じる刺激は、その人にとって広い意味での情報であった。痛いという情報を受けとれば、反射的に足をひっこめる。自分のおかれている環境の変化に対処するために必要な情報としての刺激である。それはあらゆる感覚器官を通じて絶えず入ってくる。目の前には、常に自分のいる部屋の一部あるいは窓外の景色がある。耳には何かの音が聞えている。都会に住む人は、耳から入る騒音に悩まされる。これも広い意味での情報であるが、不必要であり不快である。必要な情報を受けとる邪魔にもなる。しかし騒音よりもっと困るのは、狭い意味での情報の量が大きくなってきたことである。新聞やテレビなどで報道される出来事は、同じころに起った無数の出来事の中から選び出されたものである。非常に多くの人々にとって知る必要があるか、あるいは多くの人々が興味をもつだろうと推定された出来事が、選び出されているのである。読者や視聴者は、さらにその中から自分にとって必要と思われる情報、興味の感じられる情報を選び出して読んだり、見たり、聞いたりすればよいわけである。困るのは必要と思われる情報、興味のありそうな情報が多すぎることである。

何が必要かの判断は人によってもちろん違う。私にとって必要と思われるのは、直接間接に科学に関係した情報である。以前には新聞の記事やラジオのニュースの中で、科学に関係したものは少なかった。しかもその多くは、私にとってもはや必要のないものであった。なぜかといえば、もっと詳しいことを、専門雑誌を通じて知っていたからである。近ごろになって、だんだん事情が変ってきた。

新しい素粒子が発見されたというような重要なニュースは、まず国際電信で入ってくる。真夜中に新聞社から電話がかかってきて、それについて意見を述べよという。すぐ返事のできる場合もあるが、時にはちょっと首をひねらなければならないこともある。エックス一〇という新粒子が発見されたという電文が入ったという。スパイのような名前だと思いながら、電文のあとの方を聞くと、どうもクサイ・ゼロ粒子のことらしい。それなら西島・ゲルマンの理論といわれるものによって存在が予想されていた粒子である。そういうことにして返事をしたが、あとで電文を見せてもらったら、大文字でエックス・アイ・オーとならんでいる。無理もない読みちがいである。

国際ニュースになるのは、もちろん私たち物理学者にとって重要な情報の極小部分にすぎない。残りの一部は外国にいる日本人研究者の私信の形で入ってくる。しかし大部分は学術雑誌に載る論文が印刷されるより前に配布される予稿、あるいは速報だけを印刷した雑誌として伝わってくる。そういう予稿や速報の重要性がだんだん大きくなってきた。ところが世界中から送られてくる予稿の数がまた非常に多い。それらのどこに新しい重要な内容があるかをさがし出すのは容易なことではない。それに追われていると、こちらの頭が散漫になってしまう。どうすれば多すぎる情報をうまく整理し、その中から重要なものを選び出したらよいか。これはすべての研究者に共通の悩みであろう。

これを解決する方策の一つとして、ある程度まで役立っているのが国際会議である。ある専門の第一線の研究者たちが世界中から集ってきて、最新の研究成果を発表し討論する。そういう会合の重要性は、他の人の研究にはかまわず、のんびりと自分の研究をしていてもよかったころとは、比較にならないほど大きくなってきた。日本のような地理的な条件の下におかれた国の研究者にとっては、特にそうである。国際的な学問的会合の数は近年急速にふえてきた。最小限必要な数のすぐれた日本の研究者を、そういう会議に出席してもらおうと思っても、それがなかなかできない。旅費の調達が容易でないのである。時々は日本で会議をやるとしても、その世話や経費の調達が大変である。これらがまた私たちの大きな悩みのタネとなってきた。

研究の大規模化

情報過剰に悩まされるのは、おろかしいことではないか。見ざる聞かざるで自分の仕事に専念したらよいではないか。特に外国からの学術情報を気にするのは不見識ではないか。そういう忠告は確かに真理をふくんでいる。しかし、どうしてもそう簡単には割切れない理由があるのである。一つの重要な理由は、ある種の研究が非常に大規模になってきたことである。物理学の中でも、特に素粒子に関係した実験を行うための設備は急速に巨大化しつつあり、それに要する経費も常識はずれの額になってきた。一九三〇年代の初めから一九五〇年代の初めごろまでの約二十年間に、非常に数多くの新しい素粒子が発見されたが、そのほとんど全部が最初、宇宙線の中で見つかった。宇宙線という天然の宝庫の中から、物理学者は新しい宝物を次々と取り出してきたのである。しかし、未知の素粒子が自然界に潜在していることを知った物理学者たちが、それらを人工的に、そして大量につくり出そうとしたのは、当然の成り行きであった。実際、それによって、さまざまな素粒子の性質を、さらに詳しく知ることができた。そしてまた、宇宙線の中からは発見することの困難だった新粒子をも見つけることができた。

しかし、人工的に新粒子をつくり出すためには、一口に加速器と呼ばれている装置を備える必要があった。物理学の研究の規模の巨大化が、加速器の巨大化を中心として起ったのである。それはちょうど今から三十年前の一九三二年に始まった。そのころまでの物理実験は、小ぢんまりしたものであった。普通の洋館と格別かわったこともない建物の中の、あまり大きくない部屋の中で、大学教授が一人か二人の助手を相手に、物理実験をひっそりとやっていたのである。そこへ突然、大型の機械が登場した。コッククロフト・ウォルトンの加速装置と、ローレンスのサイクロトロンとである。

ちょうどそのころ、私は京都大学から、新設の大阪大学理学部へ移った。新しく建てられようとする理学部の建物の地階から一階にかけて、それまでの常識をはずれた広さの、天井の高い部屋が用意されつつあった。コッククロフト・ウォルトン型の加速器をそこに備えつけるためであった。物理実験の規模の突然変異をまざまざと見たのである。それ以後の十年くらいの間の加速器の大型化は、主としてアメリカで行われたが、その他の国々の中では、日本が先頭に立っていた。

ところが戦後間もなく、第二の飛躍の段階に入った。加速器は中間子をつくり出せる程度にまで、一挙に大型化した。一九四八年には、すでにアメリカでは人工的に中間子がつくられたことが確認されていた。それから今日までの間に、日本はおくれてゆく一方であった。ソ連は独力でアメリカと競争することができたが、イギリス、ドイツ、フランスなど、一九三〇年代まで世界の物理学界をリードしてきた国々が、日本と似た立場におかれることになった。そこで一九五一年に西欧の科学者や政治家が集ってヨーロッパ共同原子核研究所をつくることをきめた。この研究所は間もなくジュネーブに建設され、アメリカやソ連と同じペースで、次々と大型の加速器をつくってきた。かくして今日、アメリカ、ソ連、西欧の三つが、素粒子の実験的研究の三大中心となっているのである。

昨年ごろからヨーロッパ経済共同体の目ざましい発展が、私たち門外漢の注目をひくほどになってきたが、科学研究における西欧諸国の協力は、それよりずっと早くに実を結んでいたのである。こういう情勢の中で、日本の物理学者はどうすればよいのか。巨大な加速器をつくることは断念して、素粒子の理論的研究だけを推進すればよいのか。実験をやるにしても比較的小型の加速器でできる範囲の研究だけで満足すべきものか。宇宙線の研究にうんと力を入れるのがよいのか。加速器の巨大化は一体どこまで進むのか。それに伴って、どこまでいっても基本的に重要な知識が新しく供給されることになるだろうか。三大中心に別れての競争の次の段階として、全世界的協力体制の下に、さらに巨大な加速器を建設しようとする動きもすでに始まっているではないか。

日本のおかれた地理的条件、国力などを考え合わすと、何が一番正しい選択であるかを判定するのは容易なことではない。やはり相当大型の加速器が必要だと思われるが、それはどの程度のものが適当であろうか。自然の最も奥深くにひそむ真理を発見したいという世界の原子核研究者のすべてに共通する願望の達成に、少しでも多く貢献したいという気持は、日本の研究者のすべてが抱いているところのものである。三年ほど前から研究者の間で原子核将来計画が真剣に討議されてきたが、それについて詳しく述べるのは別の機会に譲りたい。

ただここで言いたいのは、日本の将来計画がどうなるにせよ、ここしばらくの間は、恐らく素粒子に関する新しい重要な実験的事実のほとんど全部が、上記の三大中心地域のどこかで発見されるだろうということである。そういう意味だけからも、外国からの情報をどうしても無視することができないのである。

将来の問題

科学の進歩の現在の段階で、私たちは最も重要な研究装置のあるものが、急速に巨大化しつつあることを知っている。その先頭に立っているのが加速器である。六十数年前にエックス線が発見された当時とくらべて、何という大きな違いであろうか。

科学文明の中に生きている私たち現代人は、ただ巨大な施設であるというだけでは、いまさら驚くこともなくなっている。大きなビルディング、高い塔、長い橋など、数え切れないほど多種多様である。科学文明の発達していなかった古代でさえも、人間は大仏・ピラミッド・万里の長城のような巨大なものをつくることができたのである。それらと違うのは、加速器のような、実用とはいまのところ何のつながりもない物理学の基礎研究のための装置が巨大化したことである。しかも、それは巨大であると同時に、細かいところまで綿密に、設計どおりつくられた精密機械でもある。

このように精密でしかも巨大な機械が出現し、それが科学の進歩のために重要な役割を果しはじめたことも、現代文明の特色の一つといえよう。しかし、それと同時に、見かけはあまり大きくなくても、内部の構造の非常に複雑な機械の出現と、その重要性をも見のがしてはならない。電子計算機はその典型的な例である。ところが、それより小型であるにもかかわらず、ずっと複雑な構造をもったものが、自然には早くから存在していた。それはいうまでもなく生物である。

生物は人間のつくった機械より小さくても、ずっと複雑な構造と多種多様な機能を持ち得るのはどうしてであろうか。複雑な機械は数多くの部分品の集りである。一つ一つの部分品の構造は簡単である。生物はそれよりも遥かに多くの部分品に分けられる。一つ一つの部分品は肉眼で見えないほど小さい。顕微鏡で見れば生物は無数の細胞の集りであることがわかる。ところが細胞自身が複雑な構造をもっている。それをさらに細かい部分にわけてゆけば「分子」の段階にまで到達する。一九世紀末から急速に進歩してきた原子や分子に関する研究——それは物理学者や化学者によって行われてきたのであるが——と、そこでつながる。二〇世紀の後半になって分子生物学が急に成長し出したのも、生物学だけでなく、化学からも物理学からも、十分な栄養分を摂取することができるようになったからである。

人間のつくった機械は、まだまだ大柄すぎ、無器用すぎる。真空管がトランジスターに変えられても、分子からはほど遠い。しかし物理学や化学や工学の進歩に伴って、機械は少しずつ生物に近づいてゆくであろう。それと並行して、生物の研究も進み、生命の創造という夢の実現に一歩一歩近づいてゆくであろう。それは同時に、科学文明の姿を相当大きく変えてゆくことになるだろう。今日の科学文明の中にあって私たちが直面している問題とはまた違った、新しい問題が出てくるであろう。

そういう先のことはなかなか見通せないが、今日すでにきざしの見えるのは次のような問題である。人間の頭と手を通ってできた第二の自然は、ある場合には人間にとって新しい環境となる。たとえば冷暖房装置はそういう環境をつくりだしてくれる。それはいつも、人間にとって快適な環境であるべきはずだった。現実はそうとばかりいえないが、その点については前にふれたし、また決して新しい問題ではない。第二の自然はしかし、多くの場合、環境としてでなく、私たち人間の代役としての働きをしてくれる。機械といわれるものの多くは、そういう働きをしてくれた。問題は、代役の方が有能になりすぎはしないかという点にある。現在はまだ人間が自分でやらなければならない仕事がたくさんある。科学文明の発展、普及につれて、楽になり、ひまになった面もあるが、その代りにかえって忙しくなった面もある。機械がもっともっと有能になったらどうなるか。

生命の創造までいかなくても、生物の変種を現在よりずっとうまく使えるようになるだろう。そういうことも新しい問題を生ずることになるかもしれない。生物の研究の進歩と並行して、私たち人間自身の構造や機能も、細かいところまで、ますますはっきりとわかってくるであろう。自然界の探究は非常に進んだといっても、私たち人間自身については未知の要素が多いのが、科学文明の現在の段階であるともいえる。人間自身についても、外界としての自然に対するのと同じように、一つ一つ未知の要素が除かれていったら、どういうことになるか。そこから非常に深刻な問題が出てきそうだということは、おぼろげながら想像できる。

しかし、これらはいずれにせよ、まだ先の問題である。もう一度、科学文明の現在の段階での大きな問題にもどることにしよう。

自然の法と人間の法

科学文明は第二の自然である。それが生(なま)のままの自然と人間の間に介入しているのが文明社会である。それは多くの場合、人間の生活をより安全にし、より快適にしてくれた。しかしまた新しい危険の源ともなった。醜さ、騒がしさによって、生活をかえって不快にする場合もあった。第二の自然は当然の結果として、人間と人間の間にも介入してきた。それは、一方では確かに人間と人間の接触をより容易にした。直接会って話をする余裕のない場合には、電話が役に立った。飛行機の発達に伴って、遠くはなれた国々の人たちと、直接会って話しあうことがずっと容易になった。科学文明の発達によって、地球上の人々を互いに結びつける糸の数は、急速にふえていった。身近の人たちだけでなく、遠い所に住む人たちとも、目に見えない糸で結びつけられるようになってきた。人類の一員としての運命の連帯感が、徐々に人々の心の中に定着しはじめたのである。世界の平和の永続と人類の繁栄のための強固な地盤が、形成されつつあるのである。

残念なことにはしかし、ここにも全く逆の場合が見出されるのである。人間と人間の間に第二の自然が介入してきた。人間の集団と集団の間にも介入してきた。それは多くの場合、相手をよりよく理解させるのに役立ってきた。互いに相手に対して、より大きな信頼感を持たせる結果となる場合が多かった。ところが相手に対する不信感がそれでも消せなかった場合には、正反対の結果を生じた。それぞれの側が自分を護り、相手を倒すための最も有効な手段として、科学文明が利用されることになった。ここでは第二の自然は恐るべき破壊力となるのである。天使の姿から悪魔の姿へと豹変するのである。

もう一つ恐ろしいことがある。人間と人間の間に、人間の集団と集団の間に、第二の自然が介入する。両者は互いに遠くはなれていても、第二の自然の力を利用して、争うことができる。目の前にいる相手をなぐったり、傷つけたりすることは、決してしないという思慮分別が、そのまま遠くはなれたところにいる多くの人々を殺傷する結果となるような行動を自制するのに、十分な力となるとは限らないのである。直接的な暴力を抑制させる人間の良心が、間接的な暴力の場合には働かないというおそれがあるのである。

私は人間の善意を信じている。病的な人の場合を除けば、すべての人の心のどこかに良心があることを信じている。しかし今日のように科学文明の発達した世界では、善意に発する行動であってさえも、そのもたらす結果、そのおよぼす影響が、すべて望ましいとは限らない。そして、その全部を見通すことは多くの場合、決して容易でない。良心があっても、それが働かない場合さえあるのである。私たちは善良であると同時に賢明でなければならない。科学文明が発達すれば、人間の修養・努力は必要でないと思うのは大変なあやまりである。科学文明の発展してゆく中で、人間が個人としても人類全体としても幸福に生きつづけてゆくことは、決して容易ではないのである。一口に、より一層善良に、より一層賢明になるといっても、それを細かく考えると、実に複雑でむつかしいように思われる。

しかし、少なくとも根本のところは案外、簡単明瞭なのではないかと、私は思っている。私は科学者として、一つの信念を持ちつづけてきた。それは「自然はその本質において単純だ」ということである。自然現象が見かけの上では、どんなに複雑、多様であっても、その奥底に立入って見れば、必ずそこに簡単な法則が見出される。科学者はそれを信じて研究をつづけ、実際、科学の進歩のいくつかの段階で、そういう法則を見つけだしてきたのである。今日私たちは多種多様な素粒子の存在を認めるところまできている。素粒子の世界はまだ深い霧につつまれている。しかし私たちはそこに自然界の最も根本的な、そしてわかってみれば非常に簡単な法則がひそんでいると信じて研究をつづけているのである。

人間世界についてはどうであろうか。そこでも同じ自然法則は成立しているに違いない。しかし人間世界には、それとは別の法がある。人間のつくり出した法律である。民主的な国というのは、そこに住む人たちが、自らつくり出した法を実行し、守っている国である。自分たちの選び出した人たちが議会を構成し、そこで法律が成立する。それが実施されるための政府があり、それが守られるための裁判所があり警察がある。私たちはそれを国家の正しいあり方と思っているのである。

世界全体についてはどうであろうか。それはまだ法の支配する世界の姿からほど遠い。むしろ無法の世界に近いのである。国際連合は世界平和のため大きな貢献をしてきた。しかし強大国の勝手な行動を抑制する力を持っていないのである。国際連合が次の段階へと飛躍しなければ、人間世界全体が法の支配する世界とはならないのである。次の段階にはすでに「世界連邦」という名前があたえられている。多くの人の頭の中に、それはすでに明瞭なイメージとして浮んでいるのである。

現代から未来に向って生きる人間の善意と知恵とが、その実現のために結集されたならば、現在の段階での科学文明の持つ悪魔的面相も消えてゆくのではなかろうか。

（昭和三十七年）

記憶

記憶というものは奇妙なものである。自分にとって少しも重要性のないことをいつまでもはっきり憶えている。そして前後のつながりが全然わからないことがある。だれかの背中におわれてうつらうつらしながら、駅のブリッジの階段を降りて行ったことだけを覚えている。三つか四つ位の時のことであろうと後になって推定している。場所も多分京都であったような気がするが、これとて、もっと大きくなってから度々来た時の印象を、自分で勝手に背景として使っているだけかも知れない。背負ってくれているのが母なのか、女中なのかも全然記憶がない。何となく母の背中であったことにしたいという気持があるだけである。

もう一つ、極く小さい時にいた京都の家の縁側で、これもやはりだれかの背中でうつらうつらしながら眠い眠い子守歌を聞いた記憶が残っている。縁側の向うにはコケむした広い庭があり、その向うに白壁の土蔵らしいものが見えていたような気がする。

これもしかし、もう少し大きくなってからの記憶をつけ加えて、勝手にまとまったイメージにしているだけかも知れない。それにしても一番古い記憶が二つとも、なかば眠りかけている状態で得られたものであることだけは確実で、心理学の専門家にきけば、面白い説明が得られるかも知れない。ひょっとしたら催眠術などとも関係があるのではないかと、勝手に想像をたくましくしたくなる。フロイト流にいうとどういうことになるのか、これもちょっと知りたいことである。

もう一つ不思議だと思うのは、あるにおいをかいだり、あるメロディをきいたりすると、それとは全然関係のなさそうな記憶が急に生き生きとよみがえってくることである。もちろんより多くの場合、刺激となるにおいや音と、再生される記憶の間の明らかなつながりが見出される。隣の家の二階から毎日毎日同じレコードの流行歌がきこえて来たことがある。ラジオなどで偶然この歌をきくと、そのころ読んでいた小説のことや、そのころの自分を包んでいたふん囲気などが一ぺんに生き生きとよみがえってくる。この種の経験はだれしもあることだろうし、別に不思議でもない。「さつき待つ花たちばなの香をかげば」という種類のあつらえ向きの例が昔から沢山ある。

これに反して刺激と、再生される記憶との間の関係が自分に分らない場合のいちじるしい特徴は、その全体を記憶していないということである。いいかえると、何か一つ具体的な例を上げようと思っても、どうしてもできないのである。将来、偶然に同じような刺激があたえられたら、同じ記憶がよみがえってくるに違いないのであるが、その刺激が何であったか、再生される記憶が何であるかを憶えていないのである。ただいえることは、そういう種類の記憶は自分を何となく楽しい気分にしてくれる場合が多いことである。従って、もう一度再生したいと思うのであるが、自分の記憶していない特定の刺激がふたたび偶然与えられるまで待つほかない。

記憶というものが、こんな奇妙な性質を持っていることからみると、われわれの頭の中は、もともと種々雑多な品物がごちゃごちゃと積み重っている倉庫みたいのものと想像される。われわれは始終努力して、意識的、無意識的に倉庫の整理をしているらしいが、まだまだ整理のとどかぬ部分があるらしい。下積みになった品物は簡単に見つからぬ。上積みの品物をうまくのけると、下から思いもかけぬ品物が出てくるかも知れぬ。自分の力でうまく整理できないで困った時手伝ってくれるのが、心理学で精神分析というものなのであろうか。自然科学は外の世界の整理、改善に大きな手伝いをしてきた。人文科学の助けをかりて、私どもの頭の中ももう少しよく整理できたら、皆がもう少ししあわせになり、世の中ももっと平穏になるのではなかろうか。

（昭和二十九年）

研究者としての人間

私どもは科学の発達した世界の中に生きている。そして今後も人類自身が絶滅しない限り科学はさらに進歩してゆくものと予想している。たとい一時的に進歩が止る時があったとしても、やがてふたたび進歩しつづけるであろうと期待している。過去をふりかえって見ても、少なくとも一七世紀以後の世界では、科学が一方むきに進んできた、今日の私どもはもはやそれを不思議とは思わない。むしろそれを時の流れのごとく、逆転できないものと認めている。過去における焚書が一時的な効果しかなかったことをよく知っている。「何が故に人類は科学を発達させてゆかずにおられないのか」という問いは、めったに発せられない。そんな疑問を持つ必要のないほど当り前のことのように見えるからであろう。実際それはこの世界における人間の存在の仕方の一つの本質的特徴を示している。人間は自己の生きている世界、自己を含む世界について、「ある程度わかっていると同時に、まだわからないことがある」という認識をもっている。これが人間と世界の間の静的な関係の一つの重要な特徴づけになっている。それと表裏して、人間が自己にわかっている領域をひろげ、わからない領域をだんだん向うに追いやってゆく努力を続けてゆくことが、人間と世界の間の動的な関係の一つの特徴づけになってくる。この動的な関係が具体化されて、科学の進歩となっているということができるであろう。

人間の存在の仕方には、まだ他に重要な特徴があるが、特に「研究者としての人間」にとっては、上記のような人間と世界の関係が最も本質的である。自然科学の研究者にとっては、「世界」は「自然」という対象となって定立される。それによって、既知と未知の限界はずっとはっきりしてくる。たとえば物理学者にとっては、自然現象のどれだけが原理的にわかっており、どれだけがわかっていないかは相当はっきりしている。

人間に対する自然の一部がつねに未知の領域として残っており、しかもそのような領域が科学の進歩に伴ってしだいに既知の領域に変ってゆくという事態を認める以上、人間のこの世界における存在の仕方には、本質的に不確定なもの、不安定なものがあることは否定できないことになる。二〇世紀における原子物理学の進歩は、このことを誰の目にも明らかになるほど劇的な形で示してくれた。それは研究者としての人間ばかりでなく、もっと一般に人間の存在の仕方に対して非常に深刻な影響を及ぼすことになったのである。原子核の分裂が連鎖反応にまで拡大発展させ得ることを人間が知って以後の、人間と自然の間の新しい関係は、人間と人間の間の関係、人間の集団と集団の間の関係を更新させずにはおかないことになったのである。現代の人間は不幸にしてまだ、このことを十分認識していないように見える。「科学の進歩が人間を幸福にするかどうか」という問いには、「科学の進歩が人間を幸福にするようにお互いに努力しよう」という答えしかなかったのである。

研究者としての人間は、つねに未知の領域を既知の領域に変えようと努力する開拓者の性格をもちつづけるであろう。しかしそれが、人間と世界の新しい関係についての認識と反省を伴わなければ、開拓の進展がかえって人間存在の本来的な不安定性を、一層増大することにしかならないであろう。

（昭和二十九年）

二つの道を一つに

科学者の一人として、また人類の一員として現代に生きる私の前には、二つの道が伸びている。一つは私たちの生きている世界に内在する真理探求の道であり、今一つはすでに見出された真理が、人類を死滅に追いこむのでなく、存続と繁栄へ向わせる道である。

二十代から三十代にかけて、理論物理学の研究に専念していた私の目には、第一の道しか見えなかった。私は何の疑いも持たずに、この道を歩みつづけて来た。原子爆弾の出現は、私にもう一つの道があることを気づかせた。ビキニの死の灰は、私にこの第二の道に足をふみだせと呼びかけた。しかし、一人の人間が二つの道を同時に歩むことができようか。

真理探求の道だけを進んできた過去をふりかえって見ると、私の歩みは遅々としていた。進むにしたがって、道は険阻になってきた。素粒子の世界の謎は、三十年前よりもむしろ深まってきたように感ぜられるのである。

もしもここで第一の道と第二の道の両方に二股をかけたら、どういうことになるであろうか。一つの道だけを歩んでいてさえ、大したことができないのに、両股をかけて果して何ができるだろうか。私より先に生まれてきた物理学者たちの多くは、第一の道を黙って歩みつづけた。私もそうしてはいけないだろうか。

私は何度も思い迷った。物理学とは一体何か。もっと一般に科学とは何か。科学の真理は個々の人間を超えたものである。人類をさえも超えることができるのである。この地球から人類が姿を消してしまうかも知れない遠い未来においても、科学の真理は依然としてそこで成立しているであろう。

そういう超人間的な真理を知り得るということ自身が、人間の人間たる所以の一つではなかろうか。古代ギリシャ以来の科学の伝統の中には、そういう考え方が常に潜んでいたのではないか。そしてそれなればこそ、多くの物理学者は安んじて第一の道だけを歩み得たのではなかろうか。


しかし、もはやこういう考え方によって、私の心の中に生まれ、急速に成長しつつあった、もう一つの考え方を抑えつけてしまうことは不可能であった。もしも私が物理学者でなく、数学者になっていたら、第二の道について思い煩らうことはなかったかも知れない。しかし反対にもしも私が医学者になっていたら、どうであったろうか。

　答えは極めて簡単である。医学者にとって超人間的な立場など本来あり得なかったのである。古代から今日にいたるまで、医学は学問であると同時に、常に仁術でもあったのである。基礎医学であろうと、臨床医学であろうと、公衆衛生学であろうと、人間の生命と健康を護るという使命をはなれることはなかったのである。過去において物理学は医学よりも数学にはるかに近い学問であった。

　近代物理学の基礎を形づくったのは、ニュートンの〝自然哲学の数学的原理〟であった。今日も果してそうであろうか。

　医学とちがって、物理学がそのまま仁術であるとはいえない。しかし、それが仁術の反対物となってしまってはいけないことは確かである。個々の人間の生命を助けるのに直接役立たないとしても、せめて多数の人間の生命を奪う手助けをすることだけは、是非ともさしひかえなければならない。近頃まで、そういう自明なことが、物理学者にとって余り問題にならなかったのは、何故だろうか。

　その理由はいくつも考えられるが、その最も大きなものは、問題自身が明確な、そして決定的な形になっていなかったことである。一九二〇年代までの物理学その他の自然科学の発達の結果として、技術的に実現可能になったことの中には、相当多数の人間を殺傷できる武器の製造もふくまれていた。そういう武器の製造や使用の是非の判断は、必ずしも一義的ではなかった。個々の人間、あるいは人間の集団の持つ価値体系が何であるかによって、是非の判断は左右されてきたのである。

しかし現在の私たちの前には、問題は極めて明確な、そして決定的な形で提出されているのである。一九三〇年代以後の科学の発達の結果として、人類が自分たちの全体を破滅せしめることが可能になったのである。このような事態の中で、人間の思考と行動の是非を判断する基準は、ほとんど自明となったのである。

この基準をアインシュタインは〝全体的破滅を避けるという目標は、他のあらゆる目標に優位しなければならない〟という言葉で表現している。

この原則を認めるならば、現在から未来にわたる、この地球上の数多くの大問題に対して、如何に考えるべきか、如何に行動すべきかは、相当程度まではっきり決まってくる。そしてそれによって、科学者が二つの道にまたがって歩むことが、より容易になるのである。そして、より多くの科学者がそうすることによって、二つの道は段々と接近し、ついにあたかも一つの道を歩んでいるのと同様になることさえ期待できるのではなかろうか。

(昭和三十七年七月)

解説　湯川秀樹の人生と自然観

湯川秀樹（一九〇七〜一九八一年）をよく知る人は、今年七〇歳になる私より年上の人間ではないだろうか。私は、湯川さん（京大物理学教室では、どんなに偉い先生であっても対等な人間として「さん」づけで呼ぶのが普通だったので、そう呼ばせてもらうことにする）が京大教授であった時代の最後ごろの学生であったからだ。私が入学したのは湯川さんが主宰する素粒子論研究室ではなく、湯川さんの直弟子であった林忠四郎先生（京大物理学教室であっても、自分が所属する研究室の指導教授は恐れ多いので「先生」と呼ぶのが普通であった）が指導されていた天体核物理学研究室であった。そのため、直接的な付き合いは少なかったが、いくつかの場面で湯川さんの謦咳に接することがあった。その思い出から、本書の解説を始めたい。

私が大学に入学したのは一九六三年で、京大を選んだのはもちろん「日本で唯一のノーベル賞受賞者」である湯川秀樹が現役の教授として教壇に立っておられたからだ（その二年後の一九六五年に朝永振一郎が日本では二人目のノーベル賞受賞者となった）。入学式が終わった後、物理学教室の先生が湯川さんのおられる基礎物理学研究所（略して基研）にまで私たちを引率していき、湯川さんを囲んでの写真撮影をした。実は湯川さんの姿はテレビのコマーシャル（確か平凡社の百科事典の宣伝であった）で見てはいたが、実物を見るのは初めてで後光が射しているかのように輝いて見えたものである。それほど「ノーベル賞受賞」は偉大であり、憧れ、「自分もノーベル賞を取ろう」と決心したのである。若い頃は憧れを持った存在に自分を重ね合わせ、無謀にも自分も同じように実績が挙げられると思い込むものなのだ。

二年間の教養課程を終えて物理学科に進学してやっと湯川教授の講義「物理学通論」を取ることができた。お世辞にも湯川教授の講義は上手とは言えなかった。意味深長で素晴らしい講義だったと言う同級生もいたが、声が小さくてボソボソ話し、「ここがおもしろいところ」と私にとって何がおもしろいのかさっぱりわからない話が続いたりしたからだ。後年、私が学生に物理学を教える立場になって、発見の急所のような箇所にさしかかると「ここが大事」と強調することになったが、それを湯川教授は「おもしろいところ」と言われていたと気づくのであった。湯川教授は過去の問題であっても、自分が当事者のような気持ちになって研究の進展と自分を重ね合わせながら講義されていたのだろう。期末試験を受けて単位をもらいに基研の研究室を訪ねたときが一対一で顔を合わせた最初であった。私は固くなって何も言えなかったが、湯川教授はエンマ帳を見て「よくできたな」と言いながら、成績表に「秀」を書き入れてくれた。「秀」は「優」の上のはずだから、湯川教授に高く評価してもらえたと私は鼻高々であったが、「秀」をもらった学生が何人もいた。「秀」を乱発するのは、湯川流の学生鼓舞のテクニックであったのだった。

大学院に進学することに決めていた私は、当然、湯川さんが指導する素粒子論を専攻する予定であったが、急遽方針を変更して天体核物理学研究室を志望することにした。というのも、当時日本でノーベル賞を受賞したのは湯川秀樹と朝永振一郎の二人だけであり、その二人が京大出身で素粒子論を専門としてきた、というわけで全国の俊英たちがこぞって湯川研究室を目指していたのだ。当然、大学院入試の競争率が非常に高い。それに恐れを感じた私は敬遠してまだ倍率が少なかった天体核物理学分野で受験することにしたのである。とにかく大学院に受かることを優先して、湯川さんに憧れながらあえて遠ざかったと言える。

しかし、大学院に入学した後（一九六七年）、やはり素粒子論が物理学の中心だから、自分は傍流に行くことになったのかと後悔することになった。そこで基研を訪れたとき、たまたま湯川さんが一人で論文雑誌をめくっているのに出会ったので、勇を鼓して相談を持ちかけることにした。「私は素粒子論に憧れていたのですが行けなくて、今天体核物理学の研究室にいます。これからの物理学はどのような方向に進むのでしょうか、やはり素粒子論が主流なのでしょうか？」と（震えながら）問いかけたのである。

そのときの湯川さんの返事は、「素粒子論は今ちょっと変なところに迷い込んどる。これから物理を始めるなら、宇宙か生物やろうね。どちらもこれから大きく広がっていくやろ。君が天体核物理学の研究室に行くんやったら、ちょうどいい時期や」というものであった（湯川さんは講義も講演も世間話もすべて関西弁であり、それは終生変わらなかった）。湯川さんは一〇年先の物理学の方向を展望されており、当時はまだ弱小分野であった宇宙物理学と生物物理学に期待をかけられていたのである。この予測は実に的確で、その後宇宙物理学は観測設備が整備されて観測的宇宙論として着実に広がり、生物物理学はDNAを基軸とした分子生物学として幅広く展開して、物理学の領域が大きく拡大したことはご承知の通りである。

私は湯川さんのご託宣に気を良くして、宇宙物理学の分野で研究者人生を過ごすことになった。いつの間にか「ノーベル賞を取るぞ」という初心を忘れ、凡百の研究者に成り下がってしまったのだが、それも仕方がないのかもしれない。新興の分野であったからこそ、私のような無能な人間であっても生き長らえられたのだろうからだ。

その意味では湯川さんに熱く感謝しなければならない。

　湯川さんが京大を退官されて後はお顔を見ることはあまり無くなったのだが、たまには遠くから姿を見かけることがあった。狂言の会で観世能楽堂に行ったとき、湯川さんご夫婦が真正面の席にどっかと座っておられるのに数回出会ったのだ。このときの湯川さんは一切の屈託がなく、ニコニコ笑って心の底から狂言を楽しんでおられる風情であった。他方、科学者京都会議を主催され、核兵器廃絶のための運動を熱心に取り組んでおられたが、そのときの表情は打って変わって怖いくらいであった。特に、亡くなる前年の一九八三年の国際会議では、重い病気のために医者から出席を止められていたにもかかわらず、病身を押して会議に顔を出され迫真の演説をされたのには感動した。まさに命を賭けるという状況であった。

　アジア太平洋戦争のとき、日本でも原爆開発の試みがあった。陸軍が理化学研究所の仁科芳雄に依頼したのが「ニ号作戦（仁科のニ）」であり、戦争末期に海軍が京大教授の荒勝文策に依頼したのが「F号作戦（Fission のF）」である。ニ号作戦はウランの濃縮を目指して実験を開始したが成功しないまま終わった。一方、F号作戦は理論的な検討だけで終わったが、これに湯川秀樹が参加したことが知られている。実際の原爆作成には程遠いものであったが、湯川は戦争に協力したことを深く反省して、戦後平和運動を熱心に進めるようになったのである。ヒロシマ・ナガサキに投下された原爆が国は違っても同じ物理学者たちによって作られたことも、湯川の戦争責任を強く意識させることになったと推測される。その中で科学者が負っている社会的責任について深く考えたに違いない。それが、湯川のラッセル・アインシュタイン宣言への署名、パグウォッシュ会議への参加、科学者京都会議の主催、そして世界平和アピール七人委員会の結成など、核兵器廃絶のための運動に奔走することになった理由と思われる。湯川の究極の目標は各国の主権を制限して世界全体を一つの国家のように組織する世界連邦であった。なお、世界平和アピール七人委員会は委員の顔触れは変わっているが、現在もなお存続して平和と人権のためのアピールを出し続けており、筆者は現委員の一人である。以上のような湯川秀樹の人となりを背景にして、本書に収録されたエッセイの解説に入ろう。

湯川秀樹がエッセイを書き始めたのは一九三八年頃からで、後にノーベル賞を受賞することになった論文で予言した新粒子が発見されて（実は、一九三七年に発見された新粒子は湯川が予言した中間子とは異なっていたのだが）学会に認められるようになり、エッセイの執筆を多く頼まれるようになったためのようである。最初は個人の身辺に関わる感懐を記したものが多かったが、戦後になって幅が広がり、科学の進め方、物理学者たち、文系的視点、人生観、創造性、などと話題が広がっていった。以下にそれぞれの項目についての感想をまとめることにするが、一つ特徴的なことを指摘しておかねばならない。

右の思い出で、湯川さんは狂言の鑑賞を好み、核廃絶の運動に力を尽くしたと述べたが、実は彼のエッセイでこれらのことを書いた文章が意外に少ないということである。狂言鑑賞は趣味と割り切り、いっとき心を解放できる対象として、その場から離れるともはや念頭に去来しなかったのかもしれない。また核廃絶の運動については、たとえば坂田昌一は実に多数の文章を残しており、あたかも時代の証言を残しておこうという執念が感じられるのだが（それは極めて重要なことである）、湯川秀樹にはそのような切羽詰まった思いが読み取れないのだ。私が想像するに、湯川秀樹は理想主義者であり、現実の動向には拘泥せず自分の意見を堂々と主張できればそれで十分であったのではないだろうか。だから、原子力委員会において正力松太郎委員長と意見が対立すると忠告を受けながら（また自分でも知りながら）委員を引き受け、案の定一年ばかりであっさり辞職するということになったと思われる。そして、それに関しての経緯や繰り言や非難について詳しく書いていないのである。世界連邦運動に積極的であったのは、理想を追い求める側面があったためだろう。

つまり湯川秀樹は、理想家肌で極めて純粋な人間であり、汚れを知らないで世の中を過ごすことができた稀有な人ということができる。だから、ここに収録したエッセイは内省的で邪念のない人間性が如実に表れていて、心洗われるものが多い。そして、それを押しつけるという雰囲気はなく、読み手も自然のままに受け入れてしまうことになる。それが湯川秀樹という人物の文章が今でも新鮮に映り、読んでみたいと思う所以だろう。以下、エッセイの中身に従って分けた四つの章での私の印象に残った文章を解説しながら湯川秀樹の人生と自然観に迫ってみよう。

第1章は「物質とシンボル――物理学と科学の物差し」と題し、湯川秀樹が親しく付き合った物理学者たち（アインシュタイン、ボーア、仁科芳雄、朝永振一郎など）あるいは量子力学を作り上げた同時代の物理学者たち（プランク、ボルン、フェルミ、ド・ブロイ、シュレジンガーなど）の思い出や科学観をまとめたものを中心としている。これら偉大な科学者それぞれの特色や独特の考え方を紹介しながら湯川流の見方をさりげなく提示して、その人となりの全容を描き出している。

たとえば、「物理学者群像」に登場するマックス・ボルンが自伝に「自分が何かの専門家になるのはいやだ、自分の興味と関心の中心になっている問題についてさえも、ディレッタントであろうとした」と書いていることに注目し、古典音楽と共鳴し大器晩成型であったボルンの学問の進め方に大いに親近感を持ったようである（ボルンは「量子力学の基礎研究、特に波動関数の統計的解釈」というタイトルで一九五四年という遅い時期になってからノーベル賞を受賞している)。ボルンが晩年になって平和の問題を深刻に考え、昔を振り返って、オッペンハイマーやテラーという原水爆の開発をした人々に対し、「私は彼らがそれほどクレバー、そんなに利口でなくてもいいから、もっと本当にワイズ、もっと知恵を持っておってくれたらどんなによかったかと思う」と言っていることに、湯川は強い共感を覚えるのである。「クレバーよりもワイズを」との評価から、湯川には核兵器をもたらすことになった物理学者の浅知恵を苦々しく感じるものがあったに違いない。

物理学の進め方やイメージについて正直に語っているのが「思考とイメージ」だろう。

そこでは、まず人文科学や社会科学で広く利用されている図式的な思考方法を取り上げる。言葉による思考ではなく、体系化された数学としての幾何学を利用しているのでもない、広大なイメージ群のなかの図式を利用しているのである。事実、湯川自身が非局所場の理論を考えていたとき、黒板に○を書いてそれが素粒子の固有の広がりであるとし、そこから議論を出発させていたので「○の理論」と呼ばれたそうだ。そのうちに図式から言葉そして数式の体系へと変化させていくのだが、このような出発点のイメージ的思考は自然科学においても重要であると強調している。このような側面に光をあてることによって「納得の体系または相互理解の体系として、現在の科学よりももっと広いものを手に入れる可能性があるのではないか」と考えるからだ。イメージによる思考の特徴は、構造として二次元であり（前提と結論が単線的ではない）、そこに何があっても構わないから排他的でない（いろんなイメージが並立できる）ということである。論理ではなくイメージであり、それが明らかになって初めて自分が納得する。そして、それが直観、想像力、構想力といわれるものと関連していて、キチンとした論理的思考の背後にあるイメージやシンボルによる思考の根源的な役割を考えることができるというわけだ。その根源にはある種の美意識や好悪感があり、それを合理主義的でないといって否定することに抵抗を覚えると言いたいようである。

東洋的な哲学と思考法を基礎にし、非合理主義まで許容して全体のイメージを掴むことが湯川流の物理の進め方と語っているように思われる。それは、難しい抽象的な数学を駆使して直観的な世界から遥かに遠ざかっていた当時（一九六五年前後）の素粒子論の行き方への異議申し立てと捉えることができる。むろん、それを誰かに押しつける気は毛頭なく、自分流儀の自然の切り取り方を提示しているに過ぎない、と言うだろうが。

第2章の「人生の道のり――思い出すことども」では、幼少期の思い出、自己省察を重ね自己発見をしたと思い込んだ若き頃、初めて欧米紀行をして広い世界を知った新鮮な経験、同じ下鴨の森でも年を経るごとに違って見える様子など、湯川秀樹の人生スナップを集めている。さらに、晩年になって特に興味を持った創造性に関する彼の観点を示した文章を選んだ。

その中でもっとも痛切で印象深いのは、ごく短い文章だが思いが凝縮した「大文字」であろう。小川家は学者一家で、湯川兄弟たち四人もみんな優れた学者となったことはよく知られている。しかし、実は五人兄弟で末っ子の滋樹(ますき)だけは学者にならず、炭鉱の事務所に勤めているうちに軍隊に召集され、日中戦争で亡くなったらしいことはほとんど知られていない。おそらく、三男である湯川秀樹を兄と慕う五男の滋樹はよくなつき頼りにしていたのだろう。また湯川秀樹も弟のことを気にかけて何くれとなく面倒を見ていたのだろう、その情愛の気持ちが行間に溢れている。滋樹が召集される前に九州の太宰府で再会したとき、おそらく滋樹は愚痴をこぼし人生をやり直したいと嘆いたのではないか。その辛い思い出があるものだから、大文字焼きが再開された夏に、そして毎年の大文字の火を見るごとに、湯川秀樹は滋樹への思いを蘇らせるのである。自分には責任はないのだが、なんだか済まないという気持ちも混じっているに違いない。人は誰でも、そんな悲しみを心に抱えて生きているのではないだろうか。

「自己発見」は、自我意識が目覚める中学生の頃から物理学に自分の目標を定めるようになった高校生の後半までの心の推移を回想したもので、「なぜ物理学者になったのか」の秘密が淡々と描かれている。彼は、自分の幼い頃から「創造的に生き続けたい、そしてそのために、自分が何者であるか、自分の中にどのような可能性が潜んでいるか、何をして生きてゆくべきかを問い続けている、という点において、不変なるものの持続が確認できる」と述べている。次々と新しい自己の「発見ないし再発見を繰返すことが、前進でもあり、それが創造的に生き続けることを可能にしている」というわけだ。中学生の頃は、気軽に友達を作ることができない孤独な人間だと悲しく思い、文学や哲学の本に傾倒して自分だけの世界に浸っていた。そして「世間との交渉のできるだけ少ないような学問の分野に入ってゆく」という覚悟を強めていったのである。やがて高校時代の後半になって物理学という未知の世界を発見し、「物理学を研究するのは大いにロマンチックなことだ」という思いを得た。そして大学に入って研究への道を歩み出したのだが、毎日繰り返される研究生活の中で創造的なことが何もできないと焦ったこともある。その中で「未知の世界へのあこがれ」が内面を駆動する力であり、「それは美しい世界である」という期待が自分を支えてきたように思える。そして、理論物理学という、事物の世界との一致ないしは密接な対応が決定的な条件となるような厳しい世界であるからこそ「新鮮な、そして鋭い美しさがそこに見出される」と信じられるのである。湯川秀樹が一貫して持ち続けた物理学への執念は、このような「美」への憧憬であったことがわかる。

「科学者の創造性」は科学史学会で行った講演の記録で、湯川秀樹がリラックスして自由闊達に縦横に語ったという雰囲気が感じ取れる。湯川は、創造性を発揮する基層には内部に持つ矛盾を解決したいという「執念深さ」がなければならず、記憶力・理解力・演繹論理的思考力が土台あるいは道具として大切であるという。類推の能力が役に立ち、中でも模型を使って類推することは大変に便利なのだが、模型において類似した部分と本質的に異なっている部分を探り当てることが重要であると強調する。電子計算機ではそれを期待できないことは明らかである。人間が持つ類推の能力と関係がある直観は、物事を全体としてまとまりがあるものとして摑む能力のことで、その一例として「図形認識」があるが、特徴的な部分のみを拾い上げるという抽象化する能力が直観と表裏一体の関係にあることがわかる。それが創造的思考の背後にあると言える。ところが、今物理学では抽象化し一般化することが極度に進んでいるが、直観的なイメージと離れていくと形式だけが残ることになり、新しいものが出てこない「骨皮理論」になってしまうのでは、と疑問を持っている。直観の裏で抽象が働くとともに、逆に抽象の働きの裏で全体をまとめて把握する直観の働きがなければならず、それによって新しい物質観・自然観が出来上がるのではないか。直観は具体的で、抽象化・一般化は具体から遠ざかるというパラドックス的な関係であるのだ。人間の頭は具象性を獲得するようになっているのだが……。湯川秀樹がデカルトを高く評価するのは、デカルトが合理主義の人でありながら直観を非常に重んじており、合理主義と直観主義を併せ持っていると考えるためである。直観がいくつも重なって連環のようにつながり、それが演繹論理になっているというのだ。以上の科学者の創造性に関わる論は実に多くの考えるべきヒントが提出されているようである。

第3章は「文学と科学の交叉——詩の世界に遊ぶ」として、科学は人間に幸福を与えるか、偶然のように見える必然と必然のように見える偶然、自然と人間の違い、詩と科学の出発点と到着点、柳川と北原白秋や鈴木三重吉の故郷など文学味溢れる文章とともに、中谷宇吉郎の絵と自分の短歌の取り合わせや人間の生活の中での科学について、湯川秀樹の文学的センスがうかがわれる文章を集めている。明治生まれの人はどのように時間を作り出していたのかと訝しむくらい、文学や哲学書に親しんでいることに驚くのだが、湯川秀樹も例外ではない（みすず書房の「大人の本棚」の一冊として上梓された『本の中の世界』は、湯川秀樹の幅広い読書体験をまとめたもので、私が解説している）。

ここに収められた「自然と人間」は、冒頭の「自然は曲線を創り人間は直線を創る」で始まる一ページそこそこの文章であるが、真実を衝いていて深く考えさせる。自然界に見られる諸々は曲線（あるいは曲面）で表される。数学の言葉で言えば非線形関係で結ばれている（表現されている）のである。それに対し、人間が作った造作は直線（あるいは平面）で表され、これを線形関係という。空間の二点を結ぶ直線はただ一つで特別かつ最も簡明であるのに対し、曲線は無数にあってどれも特別ではなく、いくらでも複雑にできる。自然界は無数にある曲線を任意に選べるはずなのだが、実は人間が見出した特殊で唯一のケースを選ぶことが多く、自然界の真実はそのような場合に宿っているかのようである。事実、光の通路は最短距離の直線となり、最小作用の原理のように作用を最小にする運動のルートはやはり直線で表される。つまり、自然には無数の曲線の可能性があるように見えるのだが、現実に実現しているのは人間が見出した唯一の直線、というわけだ。しかし、これは余りに人間を過信した考えであるかもしれない。自然界は曲線（非線形関係）が主体なのだけれど、人間はそれを解くことができないから直線（線形関係）で近似しているに過ぎないかもしれないからだ。とすると、今後の物理学は非線形を正面から取り上げたものにならねばならないのかもしれない。湯川はそこまでは言っていないが、現在「複雑系の科学」と呼ばれる分野は、まさに曲線を創る自然をそのまま丸ごと捉えようとする試みである。それは湯川秀樹が密かに構想していた物理学であったのかもしれない。

「中谷さんの絵と私の短歌」は、夕食を共にしたような場合に墨絵や彩色画を描く中谷宇吉郎と、その絵に讃として俳句や短歌を創って描き入れる湯川秀樹という、趣味の世界を共に楽しむ二人の姿を回想したものである。中谷宇吉郎は雪の研究で著名であり、また寺田寅彦の弟子として優れた随筆を書いている。西洋の科学者にはピアノやバイオリンの名手が多く、音楽に造詣が深い人を多く見かけるが、日本の科学者はどちらかと言えば無趣味な人が多い。そんななかで、中谷は墨絵に凝り、湯川は短歌を詠い、その二人が合作をしたのである。その付き合いのなかで、湯川は中谷という人間が「静かに長生きするというタイプの方ではなくて、やりたいと思ったことには、どこまでも打ちこんでゆく人だった」と人柄を見抜いていた。科学の達人は人間を見る目の達人でもあったと言えるだろう。

第4章は「科学と人間――科学から人間を想う」として、湯川秀樹が科学者として感じ考えてきたこと、人間と世界の関係、知識と知恵の源泉、人間の未来について科学の役割、真理探究の道と人類の存続など、科学の営みと人間社会の関係を論じたエッセイを集めている。湯川は決して声高に語らないが、個としての視点から、自らを省みるような淡々とした口調で順を追って語り継いでいくのだ。人間にとって科学とは何か、それは湯川にとって自らに問いかけ続ける永遠の課題であったのだろう。

「一科学者の人生観」は、（ノーベル賞受賞後）湯川が四〇歳代の後半になり、「人生とは何か」という自問に対して、「自分がいつのまにか思いのほか現実的、常識的になっていることを見出して、さびしくなってくる」と自答する自分を見出すことから始まる。人生観は経験を重ねるにつれて変化するのに対し、科学者として考えてきたことは変わらず、それらは互いに無関係だと考えてきたがそうではないらしい。科学の研究で学んできたのは「間接論法」で、現象を見てある種の原理や法則を仮定し、それを当てはめて正しいかどうかを判断して採否を決めるという方法である。そして、原理には適用限界があるから、必ずそれを乗り越える、より包括的な原理の存在を信じて取り換えていくことを当然としてきた。しかし、よくよく考えてみれば、どうやらこの数年間、このような科学の方法を「人生とは何か」という問いに対しても適用してきたようなのだ。人生観の出発点（原理）として「自分のほかにも非常に多くの自分によく似た、しかしまた違ったところもある人たちが生きて喜び悲しんでいること」という「あまり現実的、常識的」なものになったことに気付くというわけだ。ごく短い文章ながら、湯川秀樹の心の原点が定まったことを告げているような気がする。

以上、湯川秀樹のエッセイを四分野に分け、代表的なものを選んでここに収録したのだが、ここに私が書いた感想や要約に囚われず、自由に湯川秀樹の意見と考え方を楽しんでいただければ幸いである。

本書を編集するにおいては、河出書房新社編集部の高野麻結子さんがエッセイの選択から分類まで熱心に働いてくださった。私はそれに乗っかっただけである。厚くお礼を述べたい。

二〇一五年二月

池内　了

本書は河出文庫オリジナル編集です。

湯川秀樹エッセイ集
科学を生きる

二〇一五年 五 月二〇日 初版発行
二〇一七年一二月二〇日 2刷発行

著 者 湯川秀樹
編 者 池内了
発行者 小野寺優
発行所 株式会社河出書房新社
〒一五一－〇〇五一
東京都渋谷区千駄ヶ谷二－三二－二
電話〇三－三四〇四－八六一一（編集）
〇三－三四〇四－一二〇一（営業）
http://www.kawade.co.jp/

ロゴ・表紙デザイン 粟津潔
本文フォーマット 佐々木暁
本文組版 株式会社創都
印刷・製本 中央精版印刷株式会社

Printed in Japan ISBN978-4-309-41372-3

生物学個人授業

岡田節人／南伸坊　41308-2

「体細胞と生殖細胞の違いは？」「DNAって？」「プラナリアの寿命は千年？」……生物学の大家・岡田先生と生徒のシンボーさんが、奔放かつ自由に謎に迫る。なにかと話題の生物学は、やっぱりスリリング！

世界一やさしい精神科の本

斎藤環／山登敬之　41287-0

ひきこもり、発達障害、トラウマ、拒食症、うつ……心のケアの第一歩に、悩み相談の手引きに、そしてなにより、自分自身を知るために――。一家に一冊、はじめての「使える精神医学」。

心理学化する社会　癒したいのは「トラウマ」か「脳」か

斎藤環　40942-9

あらゆる社会現象が心理学・精神医学の言葉で説明される「社会の心理学化」。精神科臨床のみならず、大衆文化から事件報道に至るまで、同時多発的に生じたこの潮流の深層に潜む時代精神を鮮やかに分析。

生命とリズム

三木成夫　41262-7

「イッキ飲み」や「朝寝坊」への宇宙レベルのアプローチから「生命形態学」の原点、感動的な講演まで、エッセイ、論文、講演を収録。「三木生命学」のエッセンス最後の書。

内臓とこころ

三木成夫　41205-4

「こころ」とは、内蔵された宇宙のリズムである……子供の発育過程から、人間に「こころ」が形成されるまでを解明した解剖学者の伝説的名著。育児・教育・医療の意味を根源から問い直す。

「科学者の楽園」をつくった男

宮田親平　41294-8

所長大河内正敏の型破りな采配のもと、仁科芳雄、朝永振一郎、寺田寅彦ら傑出した才能が集い、「科学者の自由な楽園」と呼ばれた理化学研究所。その栄光と苦難の道のりを描き上げる傑作ノンフィクション。